40歳からは自由に生きる
生物学的に人生を考察する

池田清彦

講談社現代新書
2675

まえがき

最近、寿命に関係する遺伝子の発現をコントロールしている領域のＤＮＡ（デオキシリボ核酸）のメチル化の度合いを調べれば、動物の自然寿命を推定できることが分かってきた。それによると、ヒトの自然寿命は38歳とのこと。チンパンジーやゴリラとほぼ同じである。無事に大人になった飼育下のチンパンジーの平均寿命は約40歳であることから、ヒトも、本来の寿命は40歳くらいだろうと思われる。

周知のように、現在の日本人の平均寿命は80歳をはるかに超える。自然寿命の倍以上生きているわけだ。生活環境の改善と医療の進歩が長寿をもたらしたことは間違いない。野生動物は自然寿命に至るまでの間に、子孫を残し、種を絶滅させないという意味での、生物としての義務を果たして死んでゆく。ヒトだけは自然寿命を過ぎた後も、生物学的には無駄ともいえる長い時間を過ごす。

一般的には40歳を過ぎた頃から、社会的地位が確立することが多く、世間のしがらみに捉われて、いいたいこともいえず、したいこともできず、気が付けば老境に入っていたという人も多いと思うが、生物学的には、自然寿命を過ぎれば、残りは無駄な人生なのだから、好き勝手に生きたらいいと思う。

好き勝手に生きるぞと決心して、数千万円の資産を1ヵ月の間にすべて使い果たして豪遊をしても、もちろんそれは好き勝手には違いないが、その時点で死なない限り、後の人生は恐らく悲惨になる。好き勝手に生きるということは、ムチャクチャ生きてもいいということではない。世間の常識に捉われないで、自分自身の規範を立てて、なるべくその規範を守って生きるということだ。

規範の立て方は人それぞれで、誰にも通用する正しい規範などというものはない。自分の頭で考えて、自分が最も心地よくなる規範をつくって、その規範をなるべく守ることと。たとえばぼくは、午後5時になるまでは酒は飲まないと決めている。酒好きのぼくはそう自分で決めないと、きっと朝から酒浸りになるに決まっているからだ。

それでは、この規範を絶対に守るかといえば、実はそうではないのだ。たとえば元旦は朝から酒を飲むことに決めている。これは例外規定で、規範の範囲内だといってもいい。それでは、それ以外の時は午後5時まで絶対に酒を飲まないのかといえば、飲むときもあるのだ。

気の置けない友達が訪ねてきた時などは、昼間から酒を飲むことも多い。昼間から飲む酒は禁断の味がしてすこぶる旨い。そう記せば、規範など守っていないじゃないかといわれそうだが、それは違うのである。規範をほぼ守っているからこそ、たまに規範を破った時のエクスタシーは大きいのだ。毎日昼間から酒を飲んでいたら、昼間飲む酒はこんなに旨くない。規範を守るのは、それを破った時のエクスタシーを感じるためでもある。

たとえば、不倫をしないと決めている人がいる。あるいはセックスパートナーをなるべく増やそうと考えている人もいるだろう。どちらの規範も自分で考えた限り等価であって、ぼくとしては何の文句もない。ただ、不倫はしないという規範を守ろうという人が、稀に不倫をした時のエクスタシーは、何人ものセックスパートナーがいる人が、それ以外の人とセックスした時とは比べられないほど大きいと思う。だから、何でもありという規範より、禁止条項が多い規範のほうが、自分が楽しく生きるためには有効であることは確かだ。

自分で考えた規範であるならば、規範を守った結果の責任はすべて自分にあるわけで、世間や他人を怨んだりしないで済む。ぼくは健康診断やがん検診をもう20年以上受けていないが、そういったものを受けないのが、ぼくの規範だからだ。それで、がんになって死んでももちろん文句はない。

尤《もっと》も、様々な医学的エビデンスは、健康診断やがん検診が寿命を延ばすのに全く貢献しないことを示しているので、健康診断やがん検診をせっせと受けている人は、医療資本の金儲けの道具にされているに違いない。もちろん、あなたがそういう規範を守っているのなら、ぼくには文句はないけれども、自分で調べてよく考えたほうがいいと思う。

いずれにせよ。40歳を過ぎたなら、生物学的にはおまけの人生なのだから、世間の常識は無視して、あるいは、なかなかそうもいかないという人も、無視していないふりだけして、自由に生きたほうがいいよ。

人生は短い、アホな常識と付き合っている暇はない。

2022年8月

池田　清彦

目次

第1章

人はなぜ生まれ、なぜ死ぬのか

――自分を解放しながら楽しく生きる

人間の自然寿命は38歳！

私たち人間はある日突然、ふってわいたように地球上に現れたわけではありません。今から38億年前、地球上に初めての生命が生まれました。好熱菌です。それ以降、気の遠くなるほどの長い年月を経て進化をくりかえしながら、さまざまな生物が生まれては滅んで、約700万年前になってようやく、進化の現行ランナーの一員としてわれわれ人類が出現したのです。

私たち人間は38億年にもおよぶ進化の長大なる歴史の結実ともいえます。38億年ものあいだ、おびただしい数の生物たちが連綿として命を紡《つむ》ぎ続けてきた結果、私たち人間の「今」があるわけです。そのことに思いをはせるとき、人間である自分のことや、そこまで命をつないできてくれた他の生物たちのことが、愛おしく感じられるかもしれません。

進化の最終形態としての多細胞生物は私たち人間も含めて、かならずいつかは死んでいきます。人間は死ぬように運命づけられているわけです。そうであるならば、限りある人生を私たちはどのように生きていけばよいのでしょう。

とりわけ40代以降という人生の後半において、より善い生き方とはどのようなものなのでしょう。その問いに対するヒントは、生物学の中に見いだすことができます。

自然のままの生物としての寿命を「自然寿命」といい、人間の自然寿命は38歳と推定されます。40歳以降は本来ならとっくに死んでいるはずです。ちなみに、観察されている限り、ほかの生物たちでは、自然寿命と実際の寿命がほぼ一致します。人間だけが自然寿命の倍以上も生きられるのです。

生物学的には自然寿命を超えた40歳以降はいわば、「おまけ」のようなものだとわかります。「おまけ」があることに感謝するのなら、みずからの規範に基づいて自分自身の人生を生きることが、いいかえれば、社会の束縛や拘束から少しでも自由になって、自分の欲望を解放しながら楽しく、面白く生きることが、40代以降の人間に求められる生き方だと思うのです。

そのことを納得していただくためには、そもそも生命とは何なのか、物体とどこが違うのか、老いとは、死とはどういう現象なのかといった生命についての「基本」を知る必要があるでしょう。しかし、まずは、40代以降の生き方にダイレクトに関係する自然寿命について解説したいと思います。

自然環境におかれた場合の生物の寿命を「自然寿命」といい、脊椎動物の自然寿命の推定に利用されるのが、「DNAのメチル化」といわれる現象です。そして、このDNAのメチル化から割り出された人間の自然寿命が38歳でした。チンパンジーやゴリラの自然寿命もほぼ38歳で、私たちの「親戚筋」ともいえるネアンデルタール人やデニソワ人の化石のDNAを調べると、ともに38歳でした。

霊長類の自然寿命はどうやら38歳あたりのようで、同じ霊長類の仲間である人間の自然寿命が38歳というのは、妥当な線といえるでしょう。

地球上でもっとも寿命が長いとされるホッキョククジラはこれまで150〜200年といわれてきましたが、「DNAのメチル化」での測定によって、自然寿命が268年と推定されました。また、すでに絶滅したケナガマンモスの自然寿命が約60年、ガラパゴス諸島のピンタ島に生息して絶滅したピンタゾウガメが120年ほどだとわかりました。

幸運にも手にした「おまけ」の人生

では、DNAのメチル化とは具体的にはどのような現象なのでしょうか。

寿命にかかわる特定の42個の遺伝子には、遺伝子を活性化させるプロモーターがついています。DNAを構成する塩基はアデニン、チミン、グアニン、シトシンの4種類で、上流からシトシン－グアニンと並んでいるシトシンにメチル基が付着すると（メチル化）、プロモーターの働きが阻害されて、遺伝子がうまく働かなくなるのです。

つまり、寿命に関する遺伝子のプロモーターのDNAにメチル化が起こりづらい動物ほど、寿命が長いことになります。実際に観察された野生動物の寿命とメチル化の度合いは相関しています。したがって逆に42個の遺伝子のプロモーターのメチル化の度合いを調べれば、そこから動物たちの自然寿命が割り出せるというわけです。

メチル化の度合いから推定された自然寿命と実際の寿命が大きく隔たっている唯一の例外が人間です。ぼくなんかすでに自然寿命の2倍も生きていることになります。それどころか、日本には100歳以上の、いわゆるセンテナリアンが8万6500人以上もいるのです（2021年9月1日現在）。人間だけが自然寿命を大きく超えてなお生きられるのも、医療のめざましい進歩と栄養価の高い食事のおかげでしょう。

しかし、最大の要因は事故や感染症などの危険に満ちた野生の世界に早々と見切りをつけたことかもしれません。人間がもし今も野生状態で生きていたとしたら、おそらく大半が自然寿命の38歳前後で死んでいたことでしょう。

いずれにしても、生物学的には40歳以降の人はすでに死んでいていいはずなのに、医療の発達や食生活の改良、野生生活との決別のおかげで、自然寿命の倍以上も生きられるようになったのです。人間だけが手にできた自然寿命後の長い人生は、貴重な「おまけ」のようなものです。幸運にも手にした「おまけ」の人生は、できる限り自由に楽しく、自分らしく生きていくことこそが、善き生き方なのです。

よく知られているように、チャールズ・ダーウィンは進化の要因として「自然選択」という概念を提唱しました。自然選択とは環境により適応したものがより生き延び、より子孫を残すというものです。生殖能力を失った時点でほとんどの生物は、自然選択の対象から外れます。生殖能力を失った40歳以降のあなたが死のうが生きようが自然選択は関与しません。もう自分の思いどおりに、好き勝手に生きればいいのです。

「男は70代でも妊娠させられるぞ」というかもしれませんが、自然寿命でいえば、男性も40代以前にとっくに子どもをつくり終えて死んでいるはずで、自然選択の対象から外れていることに変わりはありません。

では、自由に楽しく、自分らしく生きるとは、どういうことなのか。それは、自分なりの規範を掲げて生きていくということであり、これについてはのちほどじっくりお話しすることにしましょう。

「できるけれど、やらない」が生命の本質

ここからは、生命の基本について考えてみます。生物と物体とはどこが違うのでしょうか。

生物も物体も無生物の物質でつくられていることでは同じです。私たち生物の体も、酸

素や水素などの分子や、アミノ酸、ブドウ糖、脂肪酸といった高分子物質などのさまざまな物質からできています。その点では石や机や洋服などの物体とさして変わりはないのです。

それなのに、生物は生きて活動をしているのに、一方の物体は静止したまま、安定した状態を保ち続けています。この違いは何か。ルールの違いによります。具体的には、物体が物理化学のルールだけに従っているのに対して、生物は「物理化学的にはできるけれど、やらない」という「禁止」のルールを守っているのです。

地球上に誕生したとき、生物は自分たちで物理化学法則とは異なる法則をつくるほどの能力はなかったようです。そのため、物理化学の法則に矛盾しないように、それを元に「改訂版」をつくったと考えられます。物理化学の法則というのは、基本的に普遍的なルールに貫かれていて、このルールのおかげで物体は外からバイアスがかからない限り安定的な状態を保っていられます。

生物はこの物理化学の法則に「できるけれど、やらない」という禁止条項をもうけました。これはやらない、あれもやらない、と決めることによって、少々不安定なところで留まるという形での秩序が生まれ、さらに、複雑な構造も獲得したのでした。

たとえば、将棋でも物理化学の法則にのみ従うなら、王将が将棋盤の外に逃げ出すこともできるし、王将を4つ先に進めたり、飛車を斜めに動かしたり好き勝手に移動させることも可能ですが、そういった動きを禁止し、制限を加えることで、つまり、できるけれど、やらないことで、将棋という複雑なゲームは成立しているのです。

人間社会の法律というルールもまた、ほとんど「できるけれど、やらない」という禁止条項で占められています。他人の家へ侵入できるけれど侵入しない、他人のものを盗めるけれど盗まない、人を殺せるけれど殺さないことによって社会の秩序が保たれている点で、法律は生物のつくりと共通しているといえるかもしれません。

では、生物は具体的にはどのような禁止をもうけているのでしょう。たとえば、人間の体をつくっている重要な物質にアミノ酸があります。アミノ酸には何百もの種類があるにもかかわらず、人間が使っているのはわずか20種類のみです。それ以外のアミノ酸は使わないと決めて、その20という限られた種類のアミノ酸だけをさまざまに組み合わせてはタンパク質を合成し、そのタンパク質を使って筋肉や血液や酵素などの物質や組織や器官をつくっています。

アミノ酸に限らず、脂肪酸やブドウ糖やミネラルなどあらゆる物質において同様の禁止が多くなされています。何を禁止するかで、生物の状態は大きく変化するのです。

このような禁止ルールをもっている空間が生物であり、禁止ルールがなくて物理化学の法則だけに支配されている空間が無生物の世界です。生物は外界と自己を隔てる皮膚などの境界面をもっていて、境界面の内側は禁止をもちいた生物のルールで支配され、境界面から外は物理化学の法則にコントロールされています。

この境界面がなんらかの原因で壊れると、外の空間とつながってしまい、みずからのルールを維持できなくなると、生物は死んでしまうことになります。

では、禁止することで実際にはどのようなことが起きるのでしょう。

「エントロピー増大の法則」という言葉を耳にしたこともおありかもしれません。エントロピーとは無秩序な状態の度合いを定量的に表す概念で、エントロピー増大の法則とは「ものごとは放っておくと、無秩序な方向に向かって元に戻ることはない」というものです。

生物も放っておかれれば、エントロピーが増大して無秩序な状態になるところですが、「できるけれど、やらない」という禁止ルールによってエントロピーをいわば逆向きに回して、制限を加えることによって秩序を保っているのです。

さらに、物体はそのままにしていると、物理化学の法則に従って安定状態へと流れていきますが、生物の場合は、つねに不安定な状態に留まっています。たとえば、物体は物理化学の法則だけに従っていますから、階段を上から下へ落ちることはあっても、下から上へ上がることはありえません。でも、人間でもイヌでもネコでも階段を上がりますよね。階段を上がれるということは、生物が物理化学の法則にのみ支配されているのではないという証です。生物は、高いところから低いところへのみ移動するという、安定的な物理化学の法則にのみ従っているのではないというわけです。

物理化学の法則とは矛盾しないけれど、できることの一部を禁止する。この巧みな戦略によって、生物は物体よりも高次で、複雑なルールを生みだしました。そして、この非常に奇妙なしくみこそが「生きている」ということです。

物理化学法則に支配されている世界では「できるけれど、やらない」という禁止ルールをもつ空間をつくることは通常ではほぼ不可能です。したがって、物理化学のルールのみに支配されている物体から生物が生まれることは生命誕生時の地球のような極めて特殊な条件でもない限り不可能だと思われます。

自分で自分をつくり、時々刻々と変化する

「できるけれど、やらない」。一部を禁止することによって独自のルールを編み出した生物は、無生物の物体にはない、いくつもの特徴的な能力を獲得しました。その1つが、自分で自分自身をつくりあげる能力です。たとえば、哺乳類は受精した瞬間から、その受精

卵が誰の手も借りずに、みずから分裂を始めて、自分自身のシステムをつくっていきます。

自動運転の最新の車にもAI（人工知能）ロボットにも、逆立ちしたってこのようなマネはできません。自分で自分をつくりだすという能力は生物だけがもつ特性なのです。

それだけではありません。生物は日々変化をくりかえしながら、生まれ変わっています。生物の体内ではさまざまな物質がつねに変化をくりかえし、留まることを知りません。そのことによって細胞は日々新しいものへと生まれ変わり、細胞の集合体である皮膚も食道も胃も脳も筋肉も、つまり、あらゆる臓器や器官や組織が日々、更新されてリフレッシュされているのです。

人間の皮膚は1ヵ月足らずで新しい細胞と入れ替わりますし、骨は10年間ほどで新しい細胞に置き換わります。同様のことが体内のあらゆる場所で起きているのです。みずからを更新することもまた、生物ならではのすばらしい能力なのです。

ところで、骨の細胞が10年間ですっかり入れ替わるのなら、10年前とは違う骨をもっていることになります。骨に限らず全身で同様のことが起きているわけで、つまり、以前の自分と今の自分は、まったく違うもので構成されているのです。なのに、自分という個体は自分であり続け、自己同一性を保ち続けています。考えてみれば不思議なことですね。

体内で日々新たな物質をつくりながら変化しつづけ、しかも自己同一性を保っている。なぜこのようなことが可能なのでしょう。それは、「生物を構成する物質が循環する」という特性によっています。どういうことでしょう。

私たちは外から物質を取り込み、それを分解してエネルギーを取り出し、最終的に不要なものを排出しています。このとき、外から入ってきた物質は体内でぐるぐる回りますが、ただぐるっと回って外へ出ていくというような単純なことではなく、自分を構成している物質にそのつど変化を加えながらぐるぐる回りをしているのです。

ブドウ糖を例にとると、私たちは食品から摂った炭水化物を体内でブドウ糖に分解してさらにブドウ糖を最終的に水と炭酸ガスに分解してエネルギーを取り出していますが、それだけでなく、分解途中のブドウ糖を特定の物質にくっつけることでシステム内の物質を変化させています。

もう少し説明すると、ブドウ糖はピルビン酸という物質に分解されて、細胞内のミトコンドリア中のクエン酸回路に入ります。クエン酸回路は回路状になっていて、この回路内でピルビン酸はぐるぐる回りながら、たとえばAという物質にくっついてBという物質をつくり、それがCになり、Dになり……というように変化しながら最後はもとのAに戻り、そして、結果的にピルビン酸は消えて水と炭酸ガスになります。

ブドウ糖を分解してエネルギーをつくって、最後に水と炭酸ガスに変わるというだけではなくて、クエン酸回路というシステムをぐるぐる回りながら新しい物質を次々に生みだしつつ、システムをつくっている物質に変化を加えているのです。

ここで注目したいのは、最終的にもとのAに戻るという点です。もとに戻るというサステイナブルな循環のしくみがあるからこそ、物質が変化しても細胞は自己同一性を保って、その細胞で構成されている私たち自身も自己同一性を維持できるというわけです。

生物とは自己同一性を保ちつつ物質がぐるぐると循環している空間であり、ある意味、自分とほぼ同じ個体をつくって世代交代していくのも循環の1つでしょう。生きているとは循環していることといっても過言ではありません。

生物にとって生きていることの本質とは、最後まで自己同一性を保ちつつ、最後まで変化を続けることといえるかもしれません。

生物は自律性と修復能力も特徴

生物にはほかにも驚くべき能力が備わっています。自律性もその1つです。自律性とはここでは、みずから稼働できるという意味です。自律性があるおかげで人間は起きだしたり、仕事を始めたり、寝たりといったすべての行動をみずから始めることができます。

当たり前のことのように感じるかもしれませんが、最新の自動運転の車でも、運転を始めるには人間がスイッチを入れなくてはなりません。高性能のパソコンも、電源を入れる人間がいなければただの箱にすぎません。そこへいくと、下等なアメーバやゾウリムシでも自律性をもち、自分ひとりで動き回っているのだから、たいしたものです。

そして、もう1つ重要な能力が、多少のけがや病気なら自分で治せる能力です。免疫機能が外部から侵入した敵を見つけて攻撃し、殺しますし、また、傷ついた細胞を修復し、修復できなかった場合には、その細胞自体がアポトーシス（プログラムされた細胞死）によって除去されます。

日々、おびただしい数の細胞ががん化していますが、そのほとんどがNK（ナチュラルキラー）細胞のような免疫細胞によって殺され、また、自分自身を攻撃するような免疫細胞もアポトーシスによって殺処分されます。

私たちはみずからの細胞の一部を殺すことで生きているのです。

このように生物には自分で自分の体を治すための、非常にすぐれたしくみが備わっているのです。この力を信じて、40代からは、医者に任せっぱなし、頼りっぱなしにせず、自分の体が発する声につねに耳を傾けつつ、自分で判断することが重要です。自分の体の一番の専門家は自分なのですから。

ちょっと熱が出たり、喉が痛かったり、体がだるかったりする程度なら、2～3日ゆっくり体を休めれば、たいていは治ります。それでも治らなかったら、病院へ行けばいいのです。

風邪を引いたから、早めに病院へ行こう、などという人もいますが、愚の骨頂です。そもそも風邪を治す特効薬というものは、この世に存在しません。風邪はウイルスによる感染症で、ウイルスに対して抗生物質は効きません。抗生物質が効く相手は細菌です。

風邪を引いて病院へ行くと、解熱剤や、咳、鼻水といった症状を抑える薬も処方されるようですが、発熱するのは体内のウイルスをやっつけるためですし、咳も鼻水も体がウイルスを外へ出すためにおこなっていることです。それらの薬を飲むことは、体がせっかく自分で排出しようとしているウイルスを体内に留まらせる行為にほかなりません。そのせいで、自力で治した場合よりも完治が遅れて、いつまでもすっきりしない状態が続くはずです。

ただし、いつもと様子が違うと感じたら迷わず病院へ行くべきです。「いつもと違う」という感覚がとても大切で、食事や酒がいつもよりまずく感じる、なぜか体重が減ってきた、原因不明の痛みがある、などというときには早めに医者に相談したほうがいいですね。

クマムシは地球上最強生物

生物は種として生き延びるために、それぞれがいろいろな能力を開発し、進化してきました。この点もまた、無機物や物体にはなしえない生物だけの特徴です。たとえば、私たち多細胞生物は進化の過程で非常に複雑で高度なシステムを発達させました（このことについては第3章で改めて詳しく説明します）。しかし、精密機械のような精緻かつ精巧なシステムは、小さな綻《ほころ》びが出ただけでも、たちまちダウンしかねません。たった1つの小さな不調でも全体がダメになりかねない、非常に脆《もろ》く、壊れやすい生きものになってしまったのです。

ところが、例外があります。同じ多細胞生物でありながら、「地球上最強生物」といわれるクマムシです。体長がおよそ1ミリで、「ムシ」という名がついていても昆虫ではなくて、4対8本の足をもつ緩歩《かんぽ》動物と呼ばれる節足動物や線形動物に近縁な生き物です。ノソノソと歩くのが特徴で、歩く姿がクマに似ていることから「クマムシ」の名称がつきました。

深海でも山の頂上でも、熱帯でも南極でもどこにでもいる水生動物で、その辺の池や庭の湿ったコケの中などにも棲みついています。このクマムシの最強の武器が「乾眠《かんみん》」

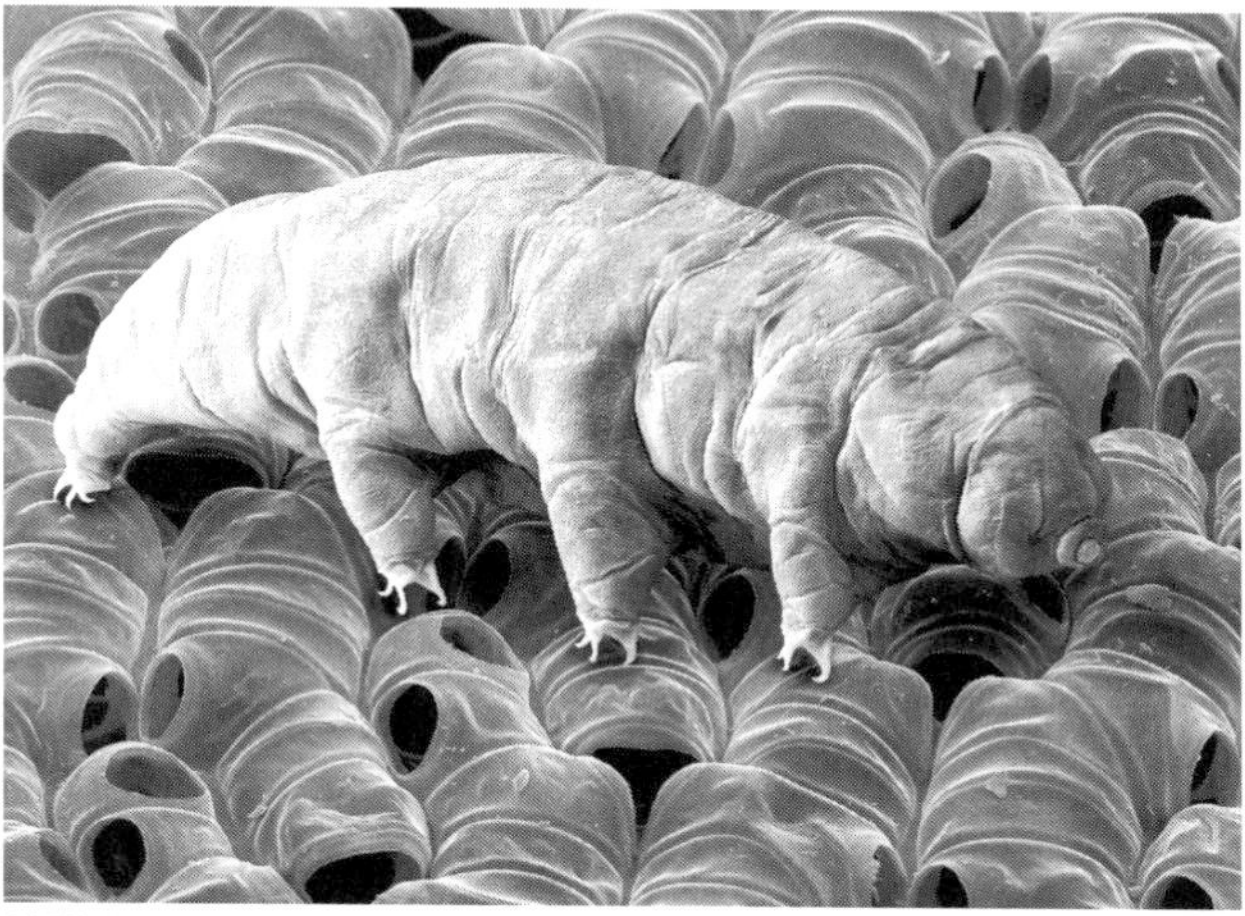
線形動物に近縁であるクマムシは地球上の最強の生物である。

で、この武器のおかげで、水生動物にもかかわらず、まわりの水が干上がっても生きながらえることができるのです。

つまり、水分がなくなって、まわりが乾燥すると徐々にあらゆる代謝を停止させて体内の水分をどんどん排出していき、水分のかわりにトレハロースという糖をつくって、仮死状態となって生き延びるのです。この状態が乾眠です。クマムシの体の70〜80パーセントが水分ですが、乾眠すると、それがわずか1〜2パーセントにまで減ってしまいます。このようにカラカラに干からびる能力があるからこそ、クマムシはどこででも生き延びられるわけです。

さらに驚くことに、乾眠中のクマムシは乾燥環境ならば摂氏マイナス200度から摂氏プラス150度まで耐えられますし、真空状態でも、逆に7万5000気圧という超高圧下でも生きられて、人間なら全身に7～10グレイ（物質や生物がどれだけの放射線のエネルギーを吸収したかを表す単位）の放射線を浴びると、ほぼ百パーセントが死亡するというのに、このちっぽけな生物は数百グレイの放射線に曝露《ばくろ》されても生き続けます。乾眠状態のクマムシは全く代謝をしていないので、生きているといいきるには多少語弊があるかもしれません。だから他の生物の休眠とは異なります。常温下で水を一滴たらせば体内のトレハロースをエネルギー源として生き返ります。

ちなみに、クマムシは約5億年前の古生代のカンブリア紀にはすでに出現したともいわれているので、もし本当ならば、この地球上最強生物は人類の70倍近くも生き続けている大先輩ということになります。

人間は「遺伝子から自由な規範」をもつ

生物の中でも人間はきわめて特殊な存在です。自然寿命後も長く生きること以外にも、遺伝的に決められた「規範」とは別に、独自の規範を掲げて行動しているからです。

ほかの生物が従っている規範は、生まれて、親になり、自分のDNAを残すという目的にのみかなったものであり、それらはあらかじめ遺伝的に組み込まれた規範です。彼らは意識することもなく、その規範に従っています。

たとえば、モグラやハリネズミの近縁であるトガリネズミは、体重わずか2グラム前後の小さな体ですが、新陳代謝が非常に活発で、2時間おきに食事をしないと餓死してしまいます。1日に食べる量は体重の2～5倍にもおよび、この大量のエサをとるためにトガリネズミは日々、あくせく働かなければなりません。

勤勉で働き者のトガリネズミは遺伝的な規範に従っただけの生物である。

「生物は生きんとする盲目の意志である」といったのはアルトゥル・ショーペンハウアーでしたが、トガリネズミの働きぶりには生きようとする「盲目の意志」を感じさせる迫力があります。しかし、トガリネズミのこの勤勉さは意識的なものではなく、遺伝的な規範に従った結果にすぎません。

人間の場合も、1日10時間以上働く人などがいます。ブラック企業で無理やり働かされているのではなくて、実力をつけて仕事で抜きん出たいと思い、懸命に働いている人もいるわけです。この人は実力をつけたいというみずからの欲望を解放するために、自分で考えた規範にそって行動しているのであって、その規範は遺伝的な拘束とは別なものです。

また、人間以外の生物では、その種の出現時から、自分たちの規範を変えることはほとんどありません。野生生物にとって、規範から逸脱して新しい行動をとることは大きなリスクを伴うためです。親と同じ規範を守って、親と同じ生き方をくりかえすことのほうが確率的に安全だからで、人間以外の生きものはこの点、非常に保守的です。

それに反し、人間は遺伝的な規範にあまり縛られることなく、自由度の高い行動を享受してきました。道具や火を使いこなすことから始まった文明の進歩も手伝って、親と同じ行動をとらなくても、個体がすぐに死にいたる確率は低かったためでしょう。人間は親たちが守ってきた規範を破り、乗り越えてきた生きものでもあります。

遺伝的な規範に縛られないのなら、自分たちの手でみずからが新たに規範をつくらなければならないわけです。そこで、人間は社会の規範をつくり、学校や企業の規範を作成してきました。法律や道徳、文化、伝統などです。社会を円滑に動かすため、社会をより安定させて豊かにするため、あるいは、独裁者がより統治しやすくするためなど、規範をつくる目的はさまざまです。

しかし、それらの規範には共通していることがあります。フィクションであるという点です。どの規範も人間が、チンパンジーの3倍以上もの重さの巨大な脳をもちいて、考え出したものです。それに対し、生まれた子どもが成長するとか、トガリネズミが2時間おきに食べないと死ぬとかいったことはリアルそのものです。

けれど、「挨拶をしましょう」であれ、「他人のものを盗んではいけません」であれ、「不倫はよくありません」であれ、どれも脳がさまざまに思考を巡らせたうえで考えだしたという点で、すべてフィクションなのです。

では、規範というフィクションを人間はなぜ必要としているのでしょうか。

人が生きるということは、欲望を解放することだと、ぼくは思っています。カネ儲けがしたい、うまいものが食べたい、海外旅行がしたい、いい女と寝たい、出世したい、など人はさまざまな欲望を抱き、そして、それらの欲望が満たされたときに喜びを感じるわけです。

それなら、すべての人間の欲望を解放できる社会こそが理想ですが、そうもいきません。ある人間の欲望が他の人間の欲望と背反するケースが多々あるからです。その状態が放置されたまま、各人が好き勝手に自分の欲望を解放しようとしたら、混乱の極みに陥るのは必至です。そうならないように、さまざまな欲望のあいだを調整するのが社会の存在意義であり、そして、その調整のために社会が必要としたのが社会的な規範なのです。

社会の規範を疑え

ここで注意しなくてはならないことがあります。社会の規範はひとたびつくられると、さまざまな場面で人々の気持ちや行動を縛り、拘束する装置として働くということです。しかし、規範の大半はあなたが生まれたときにすでにあったものですから、自分が拘束されているとは感じられず、それらの規範をごく自然なもの、正しいものとして、まったく疑うことなく暮らしてしまう可能性があるわけです。

くりかえしますが、社会の規範はあくまでも社会の秩序を保つためにつくられたフィクションです。あなた自身の幸せのためにつくられたものではありません。ですから、もしもあなたが「かけがえのない自分」を追求したいと思うのなら、社会の規範とは別の、自分自身の行動や生活のための規範、つまり、他人からの押しつけでもなく、出来合いの見本のような人生観などでもない、自分自身の規範をつくることです。

40歳をすぎたら、社会の規範や常識を一度は疑ってみて、同時に自分なりの規範というフィクションを作成し、それを高々と掲げて生きていくこと。このことは、社会や組織の規範という束縛から自由になるための第一歩といえるでしょう。

社会の規範を素直に信じて、ただ従っているほうがラクかもしれません。しかし、社会の規範や、あるいは組織の規範にあまりになじみすぎていては、自分の人生を生きていることにはなりません。

より現実的な話をすれば、組織の規範になじみすぎていると、ほかへ移ったときに使いものになりません。40代から先、転職することもあるでしょう。また、このご時世、会社をいつクビになるかわからないし、それどころか会社ごと潰れてなくなるかもしれません。もっといえば、国家だって潰れないとは限りません。

転職しようが、クビになろうが、会社が潰れようが、国家が潰れようがかまわずに生きていくことが大切です。会社や国家よりも、自分がより善く生きることのほうが重要なのですから。そのためにも、国家や社会や組織などの規範とは別に、自分自身の規範をオルターナティブ（代替）としてつくっておくことです。

もちろん、あくまでも自分自身の規範ですから、他人に押しつけるものではありません。また、つくった以上、その規範をなるべく守りましょう。でも、もし自分の能力や性格などに合わなかったり、生活環境が変わったりした場合は、何度でも修正可能です。

そして、重要なのは、たまにその規範を逸脱することです。規範から逸脱するときに、人はエクスタシーを感じます。あなたがケーキが好きだとして、健康上やその他の理由で「ケーキは1週間に1度しか食べない」と決めていたとしても、お隣から有名店のモンブランをもらったのなら、思い切って食べるという選択肢もあります。

禁を破ることの罪悪感やうしろめたさを捨て去る瞬間の快感はエクスタシーそのものです。久しぶりに食べる最高級のケーキの味は格別でしょう。食べる直前も、食べながらも、食べたあともしばらくはエクスタシーが続くのです。ぼく自身はケーキは好きでないので、いずれにしても食べたいとは思いませんが。

毎日、好きなだけケーキを食べていては、この種のエクスタシーは得られません。エクスタシーを得るためにも、規範が必要となります。規範がないということは、逸脱する対象もないということなのですから。

塀の上を上手に歩く

自然寿命後の40歳以降は、好き勝手に自由に生きればいいと書きました。ただし、食っていかなければなりません。社会から完全に弾きだされては食べられませんので、会社などの身過ぎ世過ぎの場には軸足を置きながらも、そこにどっぷりと浸からないことが大切です。

そこにどっぷりと浸かってしまうと、カネを儲けることだけが、あるいは、出世することだけが生きる目的となってしまうでしょう。たしかにカネは非常に使い勝手のよいもので、カネさえあれば、いろいろなことができますが、カネを稼ぐことだけが目的となると、預金残高が増えることにのみ悦びを見出し、ムダ金は一銭たりとも使わない、哀れな守銭奴になりさがります。

会社でエラくなることが唯一の望みという人間は、自分を引っ張り上げてくれそうな上司にゴマをすりまくり、そういう自分のありさまを卑屈だとも屈辱的だとも感じないまま突き進むわけです。身過ぎ世過ぎのための会社なのに、これでは本末転倒です。

彼らはいわば会社という「塀の内側」にだけ身を置き、その世界にどっぷりと浸かっているため、「塀の外側」にはキラキラとした面白い世界が広がっていることを知りません。

とはいえ、もちろん、塀の外側だけでは生きられません。塀の外ではカネは使えても、カネを稼ぐことはできません。大金持ちでもない限りは、そこに長居はできません。

では、たいした資産もない私たち庶民はどうしたらよいのでしょうか。「塀の上」を歩くのが一番だと思います。塀の上を歩きながら、その内と外の両方の世界に目を配りながら、塀の内と外を行き来するのです。「内」でこのくらいのことをやっていれば、なんとか食うに困らないと思ったら、残りのエネルギーを「外」へ向けます。でも、「外」に長居をしすぎると、カネが底をついてしまいます。この内と外の兼ね合いがうまくできる者が、生き方上手な人ということになります。

生き方上手の人たちは、カネにもそれほど不自由しないで（金持ちにはなれないにしろ）、人生を楽しむこともできます。しかし、外しか見ない人間は生活苦にあえぎ、内しか見ない人間は人生を楽しめません。彼らは「生き方下手」の二大チャンピオンです。

ところで、50億円もの資産をもっている人は塀の上を歩く必要も、塀の内側に足を入れる必要もなく、塀の外側で思う存分遊べます。が、何をしてもいい、何でもできるとなると、ちっとも面白くなかったりします。人間は何らかの「制限」のある中に身を置いて、その制限から解き放たれたときに自由を感じるようにできているようで、すべてが自由という中では、自由を感じられないのです。

そうなると、身過ぎ世過ぎのためだけではなく、外の世界を楽しむためにも、少々不自由な「内」もあったほうがいいのかもしれません。ロクに資産のない者の負け惜しみに聞こえなくもありませんが。

死は生物が獲得した能力

先に、人間などの多細胞生物はきわめて高度で複雑なシステムを手にした分、脆弱《ぜいじゃく》にできていて、いとも簡単に死んでしまうと述べました。では、人はなぜ老いて死んでいくのか。ここからは、老化と死のしくみについて考えてみます――。

生物はかならず死ぬ。ほとんどの人がそう思っているはずです。永遠の命など存在しない、と。ところが、細胞内に核をもたない原核生物（第2章で説明）のバクテリアは原則的には不死です。

乾燥や高温といった環境が続けば、もちろん死にますが、これはいってみれば「事故」のようなもので、このような事故に見舞われない限りは、原理的には無限に生き続けられます。

一方、多細胞生物はかならず死にます。

たとえば私たち人間の体は、37兆個の細胞からできています。それらの細胞は一部の例外をのぞいて、幹細胞が分裂してつくられたもので、しばらくすれば死んでいきます。幹細胞は分裂をくりかえしています。幹細胞のDNAはつねに損傷を受けていますが、傷ついた箇所は細胞分裂のたびに修復されます。しかし、完全には修復されません。

したがって、年を経るにつれてDNAの損傷が蓄積されていきます。そんな傷だらけの細胞では、ものの役に立ちません。役立たずの細胞が分裂しても、やはり役立たずしか生まれないので、最終的にはその細胞は死んでしまう、お釈迦《しゃか》になってしまうのです。

老いとは1つには、このように細胞のDNAに損傷が蓄積されていく過程といえます。そして、最終的にはすべての細胞がお釈迦になって、死を迎えることになります。

では、バクテリアはどうでしょう。バクテリアは分裂の速度がとてつもなく速い。人間の細胞の場合、人体の部位や年齢によっても大きく異なりますが、せいぜい24時間に1回程度です。が、バクテリアは20分に1回という猛スピードで分裂しています。

そうなると、分裂速度がＤＮＡの損傷速度より速いため、無傷の系列が生き残ります。この系列は老いることもなく、死ぬこともありません。それに対して、人間では分裂速度が損傷速度よりも遅いため、無傷の系列は存続できず、細胞は徐々に老化して、やがて死を迎えるというわけです。

死なないバクテリアから進化していったのが多細胞生物であるなら、死は進化の過程で獲得した能力といえるでしょう。

細胞の中には、発生の初期段階こそ分裂をくりかえすものの、ある時期から分裂しなくなるものがあります。脳や神経、心臓の細胞です。

他の細胞は幹細胞が分裂をくりかえすことで若返りをはかり、その数を保っていますが、脳や神経、心臓の細胞は分裂をやめた時点から数は減るいっぽうです。細胞の数が減れば、脳や神経、心臓の機能も当然、低下してきます。

ただし、数に関してはそう悲観することはないかもしれません。たとえば、人間の大脳の神経細胞は160億個あります。毎日10万個ずつ死んでも、1年に3650万個、10年で3億6500万個、100年生きても36億5000万個失うだけです。160億個に比べたら大した数ではなく、この程度なら脳の機能はびくともしないでしょう。

しかし、数はともかく、分裂しないために、老廃物や損傷もたまるいっぽうで、そのため、細胞そのものに寿命があるのです。細胞に寿命がある以上、心臓や脳や神経がその寿命を超えて生き延びることはできません。

テロメアが寿命を決める

老化と死についてはもう1つ、「テロメア説」があります。

人間の細胞の核の中には23対、合計46本の染色体が入っています。細胞が2つに分裂するさいには、染色体が46本から92本の2倍になる必要があり、そのため、細胞分裂のさいには染色体がコピーされます。

この染色体の最末端を構成しているのが、テロメアとよばれる構造で、細胞分裂のさい、染色体をコピーするメカニズムの関係で、このテロメアの先が少しだけ切れるのです。

生殖にかかわる精子や卵子といった生殖細胞以外のすべての細胞は「体細胞」です。通常の体細胞のテロメアは細胞分裂するたびに少しずつ短くなっていきます。テロメアが少々短くなっても、染色体の機能が損なわれることはありませんが、最終的になくなってしまうと細胞分裂も停止して細胞は死んでしまうのです。

つまり、テロメアのもともとの長さと、1回の細胞分裂につきどれだけ短くなるのかによって、細胞分裂の回数の限界と、それに伴う寿命も決まるわけです。これを「ヘイフリック限界」といい、このヘイフリック限界は種によってほぼ一定です。当然、ヘイフリック限界が高い種ほど寿命が長く、低いほど短くなります。

人間の場合は50回ほどで、ガラパゴスゾウガメは100回以上です。ヘイフリック限界からすると、人間の寿命がせいぜい100歳を超す程度なのに対して、ガラパゴスゾウガメがその倍の200年近く生きられるのも納得できます。

ところで、テロメアを短くしてまでなぜ細胞は分裂するのか。それは、テロメアを失っていく以上の、大きなメリットがあるからです。さきほどは、分裂することによってDNAの損傷が修復されるという話をしましたが、細胞分裂には細胞に溜まる老廃物を減らす働きもあるのです。

つまり、細胞ではさかんに代謝がおこなわれていて、代謝による老廃物が溜まりますが、細胞分裂はその老廃物を2等分することができます。たとえば、細胞の中に10パーセント老廃物があったとすると、細胞分裂によってそれを5パーセントに減らせますし、また10パーセントに増えてきても、細胞分裂すれば再び5パーセントに減少できます。

このように分裂するたびに細胞はリフレッシュされて若返りますが、若返る代償として、テロメアが短くなっていき、最終的にはヘイフリック限界に達して、細胞が死んでしまうというわけです。

巨大容量の脳を獲得した人間は、その脳を使ってさまざまなモノをつくりだし、今や宇宙旅行にまで乗り出しています。大きな脳さえあれば、人間には不可能なことはないような錯覚に陥るかもしれませんが、人間も生物です。神ではないので、コントロールできないこともあります。

ヘイフリック限界のために、老いや死を人間はコントロールできません。巨大な権力を手に入れて、殺戮《さつりく》をくりかえした独裁者でも、また、小さな国の国家予算を軽く超えるような資産をもつ世界一の大金持ちでも、大天才でも、絶世の美女でも誰でもかならず老いて、いつかは死にます。人間もほかの生物同様、そのようにプログラムされているのです。

生物学を学ぶことによって老いとは何か、死とは何かを知ると、人にも限界というものの、不可能というものがあることを実感として知ることができ、他の生物に対しても、文明の進歩に対してもおごりすぎることなく、多少とも謙虚な気持ちになれるような気がします。

ところで、ヘイフリック限界とは無縁で、永遠に分裂し、増殖を続ける細胞がありま す。がん細胞です。がん細胞の染色体の末端には、分裂によって短くなったテロメアを伸長させるテロメラーゼという酵素がついているため、何回分裂しても、テロメアが短くなることはなく、そのため、がん細胞は無限に分裂できるのです。

ハダカデバネズミは老化と無縁

とんでもなく長生きで、老化ともほとんど無縁の哺乳類がいます。アフリカのソマリア半島（ソマリ半島・アフリカの角とも）に棲むハダカデバネズミというネズミです。70〜80匹ほどの群れをつくって土中で暮らし、その名のとおり無毛（ハダカ）で、出っ歯（デバ）というユニークな外見をしています。このハダカデバネズミはほかのネズミたちの寿命がせいぜい1〜3年なのに、30年は平気で生きるのだから驚きです。

しかも、ハダカデバネズミは長く生きるだけでなく、ほとんど老化しません。血管年齢という言葉があるように、ふつうは年齢とともに血管は弾力を失ったり、細くなったりしま す。ところが、ハダカデバネズミでは10歳、20歳になってもそのような現象はほとんど見られず、血管機能は健康そのものなのです。

さらに、野生のハダカデバネズミでがんを発症した個体は1匹も見つかっていません。どうやら特殊ながん抑制遺伝子をもっているらしく、そのうえ、体内で合成されるヒアルロン酸の密度が高いこともがんの抑制に作用しているらしいとの説もあります。

紫外線は細胞のＤＮＡを傷つけ、がんを引き起こす原因となりますが、ハダカデバネズミは土中にいるため、紫外線を浴びることがありません。このことも、きわめて老化しづらく、超長寿を誇る一因と思われます。

30年は平気で生きるハダカデバネズミ。

寿命は運しだい!?

テロメアのヘイフリック限界が種によって一定に決められていることとは別に、活性化すると寿命を伸ばす長寿遺伝子があることがわかっています。また、心臓や脳、神経などの分裂しない細胞の寿命も遺伝的な要素が大きいのです。

エピジェネティクスといって（詳しくは147ペー

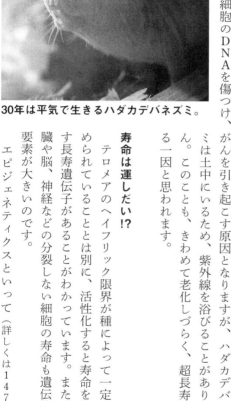

ジ)、生活習慣が長寿遺伝子の発現に多少は影響しますが、それよりも、各人の寿命は生まれもった遺伝子の組み合わせが大きくかかわっているわけで、いわゆる健康的な生活を送ったからといって長生きできるとは限りません。

たとえば、喫煙は肺がんの最大の原因だとよくいわれます。しかし、肺がんにかかりやすいかどうかは喫煙以上に、肺がんから身を守る遺伝子が働くかどうかのほうが大きいのです。たしかにタバコを吸わないことで防げるタイプの肺がんもあります。が、タバコを1本も吸ったことがなくても肺がんにかかる人もいますし、その逆にヘビースモーカーでも肺がんにならないですむ人はいくらでもいるわけです。

ぼくの知人に父親と兄をともに40代の終わりに胃がんで亡くした人がいます。彼は胃がんの家系だからと、若い頃からタバコも酒もいっさいやらず、一緒に食事に行っても、料理の焦げた部分を除いて食べるほど、健康には気を使っていました。ところが、それだけ用心していても、やはり胃がんになって、55歳の若さで亡くなりました。健康に気を使って暮らしたぶん、父親と兄よりは少し長く生きられたのかもしれません。

胃がんがみつかったとき、彼がいった言葉が忘れられません。

「池田クンは、酒も飲み放題のメチャクチャな生活しているけれどがんにならない。おれみたいに一生懸命がんばって、気をつけていたってダメ。世の中、不公平だよなあ」

長生きできるかどうかは、がんを抑制したり、長く生きられたりする遺伝子の組み合わせをもって生まれたかどうかで大半が決まります。結局のところ、残念ながら運しだいということになりそうです。

暴飲暴食や寝不足、過度なストレスといった不健康な生活はもちろんおすすめできませんが、人生の楽しみを犠牲にしてまで健康的な生活を送ったからと、さして長生きできるとは限りません。それだけでなく、健康的な生活にこだわりすぎることが、健康的ではない場合もあるのです。

健康に気を使いすぎると、早死にする!?

40代、50代ともなると、生活習慣病が気になりだす年代でしょう。しかし、これからは食生活にも気を使って、健康的な生活を送らなくては、などと思っているとしたら、その考え方は少々危険かもしれません。

「フィンランド症候群」という現象があります。フィンランド保険局が1974〜1989年の15年間にわたり、40〜45歳の1222人の男性管理職を対象にアトランダムにほぼ半数の612人を選んで、最初の5年間定期健診をおこない、医師が食事のチェックや運動、タバコ、アルコール、砂糖や塩分摂取などについて指導しました。もう一方の

610人には定期健診もせず何の積極的介入もおこなわずに、健康管理を本人に任せました。

その後、1989年までの15年間の追跡調査の結果、医師の介入のあったグループでは67人が死亡し、介入のなかったグループでの死亡数はそれよりも21人も少ない46人という驚くべき数字が出たのです。心臓疾患の死者は特に差が大きく、介入群の死者34名、非介入群14名だったのです。

健康的な生活を追求しすぎるあまり、それが精神的なストレスとなって肉体に影響をおよぼし、心疾患にかかりやすくなったと思われます。医師にあれこれ指導を受けたり、健康に気を使いすぎたりするよりも、おおらかな気持ちで、自由気ままに生きたほうが病気にもかかりにくいし、第一、楽しく生きられるのです。

自慢じゃないけれど、ぼくなど34年間、毎日酒を飲み続けています。「休肝日」はゼロ。熱が出ても飲みます。夕方の5時をすぎると、ぼくの体が酒を欲するのだから仕方ありません。健康のためだからと、体が欲している酒をがまんして2年や3年長生きしたからといって、どうだというのでしょう。それ以前に、酒をがまんすることがストレスとなって心臓発作でも起こしたらどうしてくれるという話です。

テレビでは飽きもせず、タマネギを食べると血液がサラサラになるとか、ポリフェノールの抗酸化作用で体が錆《さ》びるのを防げるとかいった類の健康情報がさかんに流されていま す。しかし、体が必要としているのは、炭水化物とタンパク質、脂肪、ビタミン、ミネラルといった栄養素であり、それらの栄養素をどのような食品から摂《と》るかは問題ではありません。

たとえば、青背の魚にはＥＰＡ（エイコサペンタエン酸）やＤＨＡ（ドコサヘキサエン酸）が豊富に含まれているから、血管を若々しく保つ効果があるとよくいわれます。しかし、ＥＰＡやＤＨＡは肉やほかの魚にも含まれています。青背の魚により多く含まれているので、多少は効率よく摂れるというだけの話ですから、好きでもないのに無理して青背の魚を食べる必要はありません。

むしろ危険なのは、体にいいからと、同じ食品を毎日食べ続けることでしょう。加工品にはさまざまな添加物が使われていますし、野菜にはたいてい種々の農薬が入り込み、輸入の肉や魚の多くに抗生物質やホルモン剤が含まれています。健康にいいからと、同じ食品を毎日食べ続けることは、同じ有害物質を毎日摂り続けることを意味します。

有害物質というリスクを分散させるためにも、いろいろな食品を日替わりで、まんべんなく摂ることのほうがはるかに健康被害を防げると思います。

中高年ともなると、生活習慣病が気になりだすためか、「健康原理主義者」が急に増えだすようです。いつまでも健康で長生きしたいというのは、人間なら誰でも抱く素直な気持ちかもしれません。ところが、「長生きを目的にしたとたんに、人生はつまらなくなる」というのがぼくの持論です。

タバコはやめる、酒も飲まない、好きな食いものにも手をつけないといった我慢を強いる「健康生活」はいくら長生きをしたいからといったって、楽しくもなんともありません。楽しくもないのに、長く生きて何になるのでしょう。

しかも、さきほどの「フィンランド症候群」が示すように、この種の「健康生活」はストレスとなって寿命を縮める一因ともなりかねません。好きなものを食べて、飲んで、ストレスを溜めることなく気楽に生きたほうが、健康のために酒をやめて、毎日血圧を測って、納豆を食べ続けるような生活よりも結果的に長生きする可能性があるのです。

40代は、「健康原理主義」に走りがちな年代です。この辺で、自分がテレビやネットなどの健康情報に踊らされていないかどうかをチェックするといいかもしれません。そのうえで、健康についても自分の頭で考えて自分なりの「規範」をつくってはどうでしょう。

ちなみに、ぼくは「健康に気を使わない健康法」という規範を掲げています。

畑仕事とジム

ぼくは定年になってから、家の庭を畑にして、ホウレンソウやコマツナ、トマトやキュウリ、ジャガイモなどをつくっています。夫婦2人では食べきれないほどたくさん収穫できるのですから、楽しいやら、誇らしいやらで、農業だけはやめられません。

太陽の下で汗を流しながら働くのは、なんとも気持ちがよく、野菜たちが少しずつ育っていく様子を日々見られるのも、うれしいものです。

鍬《くわ》で耕したり、スコップで穴を掘ったり、草をむしったり、水をやったり、ビニールをかぶせたり、そして、立ったり座ったり……。畑仕事だけで相当な量のエネルギーを消費しているはずです。

畑仕事の話をもちだしたのも、昨今の運動ブームに違和感を覚えるからです。運動が好きな人はいわれなくても運動するでしょう。けれど、運動が苦手な人間もいます。好きでもないのに健康のために無理にがんばって運動しても長続きはしないでしょう。長続きしなければ、そのほうがむしろいいかもしれません。運動の苦手な人間が急にジョギングなどを始めたら、かなりの割合で膝や腰や股関節を痛めるはずです。三日坊主でやめてしまえば、そのような「健康被害」を免れることができるというものです。

ウォーキングならジョギングよりも体への負担がはるかに軽くて安全ですから、続いてもよさそうなものです。が、通勤で1つ手前の駅から歩こうなどと決めても、たいていの人が遅かれ早かれやめてしまいます。手前の駅から歩いたって、楽しくも何ともないからです。

さらに、息が上がるようなハードな無酸素運動は体内に大量の活性酸素を発生させます。活性酸素は細胞を傷つけて、がんや糖尿病や心臓疾患などあらゆる病気を誘発する原因ともいわれます。運動は下手をすると、健康に悪い場合もあるのです。

何だか運動の悪口ばかりいっているようですが、運動がもともと好きな人はだいたい何をやっても楽しいのでしょう。そういう人たちはジムに通って筋肉を鍛えるのも、テニスで瞬発力をつけるのも、ジョギングでランナーズハイの快感を得るのもいいでしょう。

しかし、40代をすぎたら、やりたくないことはなるべくやらないほうがいい、好きに生きたほうがいいのです。だから、運動が嫌いな人は、わざわざジムに通う必要もありません。

ふつうの生活を送っていれば、さほど運動不足には陥らないものです。たとえば、郊外から都心へ通勤している人は、駅のホームも歩かなければならないし、乗り換えでも長々と歩かされるかもしれません。満員電車で立ったまま、前後左右に揺られ続ければ、それもけっこうな運動になっているはずです。

洗濯したり、掃除機をかけたり、床や窓ガラスを拭いたりといった家事の類でも、けっこうな運動量になります。ジムに行っても家の中はきれいにならないけれど、その時間を掃除にあてれば、清潔で快適な居場所に整えられるというものです。

ぼくはわが家の風呂場掃除を一手に引き受けていて、毎回、天井まで拭きます。今の家の風呂場を新しくしてから10年以上になりますが、カビなどいっさい生えていなくて、風呂中がピッカピカです。ここまできれいに保つことはかなりの重労働で、へなちょこウォーキングなんかと比べたら、消費カロリーははるかに高いと思います。

ぼくも運動は嫌いだけれど、虫採りのためなら一日中歩いてもまったく苦にならないし、お目当ての虫をみつけたら、走って追いかけることもあります。運動をしているつもりはないけれど、虫採りはかなりの運動量になっているようです。

虫採りもあるし、畑仕事もあります。楽しみでやっているだけでも、けっこうなカロリー消費となっているはずです。「楽しいからやっていたら、実は運動になっていた」というスタンスが、よくいわれる「適度な運動」であり、もっとも健康的なのだと思います。

40代に入ったらそろそろ、「実は運動になっていた」といえるような楽しみを探しはじめるのもいいかもしれません。いろいろ試してみて、もし一生続けられるような楽しいことに出会えたら、後半の人生がかなり面白くなること間違いなしです。

健康診断は受けるな！

日本では、企業に従業員の健康診断を受けさせることが法律で義務づけられています。企業で強制的に健康診断をおこなっている国は日本ぐらいです。少なくともアメリカもEU（欧州連合）もニュージーランドもオーストラリアも、そんなことはしていません。

ぼくはこの法律が気に入らないから、もう長いあいだ、検査を受けていません。全国規模で大量の検査がおこなわれ、大量の「病人」が見つけだされて、病院も製薬会社も、そして、厚生労働省の外郭団体などもたいそう儲かります。利権がらみの法律にほかなりません。

早稲田大学に勤めていた14年間、ただの一度も受けませんでした。学校側は「受けろ」といってきますが、無視していたので、そのうちあきらめて何もいってこなくなりました。

そうはいっても、検査によって早期発見、早期治療が可能になるのだから、受けたほうがいいと思っている人も多いでしょう。しかし、そうは思わない人間もいます。検査がたんに嫌いという人間もいれば、検査によって健康が害される危険があるから受けたくないと考える人間もいるのです。

胸部レントゲン検査やCT（Computed Tomography　コンピュータ断層撮影）検査では放射線

を照射されます。毎年、検査のたびに少量の放射線を浴び続ければ、がんの発生リスクは明らかに高まるでしょう。また、内視鏡で食道や胃、腸などの壁を傷つける危険性もあります。

検査についてはさまざまな考え方や感じ方があるにもかかわらず、全企業の全従業員に対して一律に健康診断を義務づけているのだから、おかしな話です。国民には検査を受けないという権利もあるはずです。アメリカでは大規模なクジ引き検査の結果、健康診断を受けても受けなくても死亡率に差がないことがわかっています。

もちろん、健康診断をしたほうが安心という人は受診すればいいわけですが、ただし、血液検査などでの「基準値」などは鵜呑《うの》みにしないことです。たとえば、高血圧の基準値は現在140／90mmHgですが、1999年2月以前の基準は160／95mmHgでした。上の血圧の基準値を20mmHg、下の基準値を5mmHg下げただけで、日本では高血圧とされる人の数が2100万人も一挙に増えたのですから、降圧剤を販売する製薬会社はさぞ喜んだことでしょう。

そもそも年齢がいけば、血管は弾力性を失い、老廃物も溜まって血管が細くなるため、全身に血液を循環させるには血圧を上げなければなりません。歳をとって血圧が上がることは自然なことなのです。降圧剤で無理やり血圧を下げれば、血液循環が低下して、その影響が免疫機能にもおよんで、がんにかかりやすくなることだって考えられます。

健康診断ぐらいおとなしく受ければいいじゃないか、と思われるかもしれません。でも、世間一般では健康診断はいいことであり、健康のために必要なことだと考えられていても、違う考えをする人間がいるわけで、ぼくもその1人です。

40歳をすぎたら世間一般の考えよりも、自分自身の考え方を優先させることが大切で、このことはとりもなおさず、自分なりの規範を掲げて生きていくことでもあるのです。

もしあなたも会社の健康診断を受けたくないのなら、「受けません！」とはっきりいうのが一番スッキリするでしょう。でも、それよりも角の立たないやり方を望むのなら、血液検査だけを受けるという方法もあります。その場合は「毎年、T大学病院でCTなどの検査をみんな受けている。最近も受けたばかりなのでパスさせてください」と、嘘も方便です。

自分の規範を守るには、正面突破ばかりでなく、知恵を少しばかり働かせて「実」をとるのも方法でしょう。血液検査だけでも受けておけば、受診者にカウントされるため受診率が下がることはないようです。担当者の顔を立てつつ、自分も放射線を浴びなくてすみます。

人間の寿命は115歳が限度か

健康の一大ブームの中、人間には120歳まで生きる力が備わっているという話を最近よく耳にしますが、ぼくは115歳あたりが限界だと考えています。

これまでもっとも長生きした人がフランス人のジャンヌ・カルマンさんという女性です。1875年2月21日生まれで、亡くなったのが1997年8月4日。122歳164日間生きたのです。カルマンさんが亡くなってから20年以上ものあいだ、120歳まで生きた人はただのひとりもいません。

この間、世界人口は1997年の約59億人から2022年の約79億人ほどにまでふくれあがったのですから、確率的には1人くらい出てきてもおかしくないはずです。それが出てこないということは、120歳まで生きることが非常にむずかしいということなのでしょう。

日本でも120歳を近々超える人が現れるかもしれないと注目されていた女性がいました。福岡市在住の田中カ子（カネ）さんです。生まれたのが日露戦争開戦の前年、1903年（明治36年）1月2日ですから、2023年のお正月をなんとか迎えられたら、120歳です。ダブルの還暦、大還暦を期待していたのですが、この原稿を書いている最中の2022年4月19日に亡くなられてしまいました。残念でなりません。

カルマンさん以来、人類史上2人目の120歳超えとはならなかったわけです。やはり120歳という壁は人間にとってとてつもなく高いのですね。

それでは、115歳ではどうでしょう。これまで115歳以上生きた人は、世界で62人しかいません。現時点で生きているのが、その中の4人だけです（2022年8月9日現在）。

一方、100歳以上の人は人口が増えるにつれて、増加の一途をたどるでしょう。日本ではすでに100歳以上の人口が8万6500人以上にのぼり、うち女性が9割を占めています。

しかし、115歳以上となると、確かな記録と認定されている人は、現在までわずか62人でしかなく、115歳まで生きるということは、確率的にはきわめて稀なケースです。近年の寿命の延びにはめざましいものがありますが、それでも、この低い確率を見るにつけ115歳あたりが限度だと思われます。

このような確率の問題だけでなく、生物学的にも細胞は50回分裂したらヘイフリック限界に達して、もはや分裂できなくなりますし、120年もたてば脳や心臓や神経の細胞も老廃物というゴミがたまりすぎてロクに機能しなくなるでしょう。そのような状態で生き続けることは、非常に困難でしょう。

「いざとなったら辞めてやる」の気概をもつ

自然寿命が尽きた40歳以降は、自分なりの規範を掲げて、自分のために自由に生きることが大切だと述べてきました。そのためにできることについて、あと少し語ってこの章をしめくくりたいと思います。

いざとなったら会社なんか辞めてやる。自然寿命がすぎた40代以上の人では、この気持ちが大切だと思います。この覚悟さえあれば、上司に対してもただ我慢しているのではなくて、反論もできるし、盾突くこともできます。実は、反論し、盾突くことが自分の身を守ることにもなるのです。

製薬会社に勤めていた妻が、面白い話をしていました。会社の同窓会に参加したときの噂話で、会社のいうことをなんでも聞いていた従順な社員たちはリストラでクビを切られたのに、会社に盾突いていた者たちは全員が生き残っていたというのです。

会社は何かといえば盾を突く、うるさ型の人間を辞めさせることには躊躇《ちゅうちょ》します。「辞めろ」と命令しても、すんなり辞めてくれるような連中でないからです。下手をすると、「裁判に訴えるぞ」などといいだしかねないので、会社としても及び腰になってしまうわけです。

かわりに目をつけるのが、上司のいうことに「ハイ」としかいわない従順な社員です。長い会社勤めの習慣から、彼らは「上司に命令されれば従う」という回路が脳の中にできあがっています。「退職金をよけいに積むから、辞めてくれ」といわれたときもその回路が働いて、抵抗することも、盾突くこともなく、もちろん、裁判に訴えるぞ、などと脅すこともなく、すんなり辞めていってくれることが会社にはよくわかっているのです。

とはいえ、実際問題、40代、50代では子どもにカネがかかるし、住宅ローンも残っているかもしれません。多少気に入らないことがあったからと、簡単には会社を辞めるわけにはいかず、我慢して踏ん張って、勤め続けるしかないというのが現実でしょう。

しかし、たとえそういった現実があったとしても、「いざとなったら辞めてやる」と心のどこかで思っていることがとても大切なのです。

皮肉な話ではありますが、「いざとなったら会社なんて辞めてやる」と腹をくくっている人間のほうが、会社に最後までしがみつきたいと思っている人間よりもクビになりにくい面もあるわけです。そもそも、忠誠を誓っていれば、会社は自分を残してくれるだろうなどと思ったら大間違い。会社はその社員が忠誠を誓ったことに対する忖度《そんたく》などいっさいしません。おとなしくて、クビにしやすい人間から切っていくのです。

永田町の政権争いでも、親分がこいつは出世の障害になると判断すれば、自分に忠義を尽くしてきた「子分」を情け容赦なく切り捨てるのは毎度おなじみのシーンです。

しかも、経済成長がめざましかった時代とは状況が一変し、大企業に勤めていても、いつなんどき会社が倒産しないとも限りません。従順であろうがなかろうが、失業するときはします。「いざとなったら会社なんか辞めてやる」と思っていれば、辞めさせられたとき、会社が倒産したときなどに備えて、いろいろな準備もできます。自分の身は自分で守るとは、そういうことなのだと思います。

ルールは守らない

ぼくは自分の意に沿わない世間のルールは守りません。それでもちゃんと生きていますす。何の支障もありません。とくに嫌いなのが儀式の類。入学式や卒業式には極力出席しないようにしています。自分の入学した大学の入学式や卒業式にも出なかったし、もちろん、子どもたちの入学式にも卒業式にも出たためしがありません。

大学で教えるようになってからも、入学式にはほとんど出たことがありません。新入生など誰一人知らないわけですから、出席しても意味がありません。ただ、卒業式には出ます。ゼミで2年間一緒にやってきて、かわいがってきた連中に、卒業式で一緒に写真を撮ってくれ、と頼まれれば、めずらしく背広などを着込んで喜んで出席します。式が終わったら、みんなで最後に酒を酌み交わすのも楽しいものです。

入学式、卒業式などの儀式に出席することは、組織に忠誠を誓うことの証として機能し、また、校歌などを歌って集団の結束心を高めようという意図もあります。しかし、すべての構成員を無理やり出席させようという感性や思考は多様性とは逆方向のものです。儀式に出席する人間もいれば、出席しない人間もいて、出席しない人間も許容するという状態こそが多様性なのです。

儀式に限らず、40歳をすぎたら、ムダだと思うことはなるべくやめていくのがよいでしょう。

まずは、上司の命令が的確で、重要だと思えた仕事だけはきちんとこなしておいて、ほかのどうでもいいような、細々《こまごま》とした命令は聞いたふりしてスルーするのが一番です。上司が何かいってきたら、「えっ、聞いてないです。そんな話、されました？」とすっとぼけるなり、適当に返事をしておけばいいのです。

怒りだす上司もいるかもしれません。が、その場合、反論してもいいし、それが面倒で、疲れそうなら、柳に風、暖簾《のれん》に腕押しで、ふわりと身をかわすのもいい。40歳をすぎて、少しでも自由に生きたいと願うのなら、そのような「術」も身につけておきたいものです。

このような「不服従」は小さなところから始めることもできます。たとえば、忘年会に行かないことは、日本の企業風土ではかなり勇気のいることです。でも、新入社員でもあるまいし、40代をとうにすぎているのです。行きたくないなら、その気持ちを優先させて欠席してはどうでしょう。

この場合、嫌味の1つや2つはいわれても平気でいること、動じないことです。何をいわれても行かない、嫌味をいわれても平然としている。これを続けているうちに、まわりも「しょうがないなあ、そういうヤツなんだ」とあきらめて、やがて誰もあなたを忘年会に誘おうとしなくなるでしょう。

こいつは何でもいうことを聞くヤツ、と上司に思われている人間がある日突然、反旗を翻《ひるがえ》すと、面倒なことになります。気骨のあるヤツだと見直してくれるような肝っ玉の大きな上司はそうそういません。たいていの上司は飼い犬に手を噛まれたとばかりに憤慨して怒りだすか、ねちねちといじめるかのどちらかでしょう。

そんなことなら、初めから上司のいうことはなるべく聞かないほうがいいわけです。そういう人間はたいていの場合、組織から弾き出されますから、うんと出世することはないでしょう。が、出世できなくたって生きてりゃいいと気軽に構えて、さらに、「いざとなったら会社なんか辞めてやる」とさきほどの覚悟が加われば、生きづらさや抑圧感のかなりの部分から解放されて、ずっとのびのびと自由に生きられるでしょう。

もう自然寿命をすぎたのです。これからは、できうる限り、欲望の解放をめざして、会社は食うための手段と割り切って、出世などめざさずに、嫌いなことはできるだけやらないようにしつつ、自分を解放しながら生きていきたいものです。

第2章

生物の多様性を考える

——自由に恋愛をしたいものだ

40歳をすぎたら自由に恋愛をしたい

いわゆる文明国といわれる国々ではほとんどが一夫一妻制を是としていますので、そこから逸脱して配偶者以外の相手とセックスをして、それがバレたりすれば（バレなければどうということはないのですが）、とくに有名人といわれる人たちは、週刊誌やネットやテレビで糾弾され、徹底的に叩かれます。

不倫の「倫」は「道」のこと。この場合は「人の道」を意味します。配偶者以外の相手との性的関係を「不倫」と称するのは、それが「人の道ではない」と考えられているためでしょう。しかし、はたして不倫は世間からバッシングを受けなければならないほど人の道から外れた「悪行」なのでしょうか。

生物たちの性生活はなかなか多彩で、多様性に富んでいます。人間以上に一夫一妻制を堅く守っているものもいれば、角を曲がってばったり出会った相手と躊躇なく交尾するという乱交状態のものもいます。ハーレムをつくって一夫多妻制を貫いている生物もいます。

人間も生物の一員であり、他の生物たちの性の行動を知るにつけ、一夫一妻制に生物学的な必然性はないことがわかります。この制度は、文明国なるものがつくりだした社会的規範にすぎません。あなたの規範ではないのです。恋やセックスについても、40歳をすぎたらみずからを解放して、できるだけ自由にやればいいのです。

あなた自身の掲げる規範によっては、一夫一妻制の枠の外に飛び出して、恋やセックスを楽しむことも自由です。

もちろん、一夫一妻制を自分の規範に据えるのもいいでしょう。その規範を生涯守るのも楽しいかもしれません。しかし、規範はときにそれを逸脱することによりエクスタシーがもたらされます。セックスではとくに、規範を破ることで日常では味わえない強烈なエクスタシーがもたらされるのです。「浮気をしない」を規範にしている人がそのタブーを破ったときには、恋愛のワクワク感とともに、規範内の妻（夫）とのセックスよりもはるかに強い刺激と快感を覚えるはずです。もちろん不倫は一切しないという規範を守り通すのも、それが一番楽しければ、何の問題もありません。

年齢が大きく離れている相手と恋愛してもかまわないし、はたまた、変態プレイも犯罪でない限りは同じ嗜好をもつ者同士が自由に楽しめばいいのです。

ところで、生物は長い間、恋もセックスも、交尾も交接も知らずにすごしてきました。私たち人間には当たり前のセックスを生物はいったいいつ始めたのでしょうか。

雌雄の合体が多様性を生んだ

地球上に生物が誕生したのが今から38億年前。以来、20億年近くものあいだ、生物は有性生殖をすることなく子孫を増やしてきました。地球上にいたのは細胞内に核をもたない原核生物のバクテリアのみだったからです。バクテリアは自分の細胞のDNAを複製しては分裂することで繁殖します。このように1つの個体が分裂することによる繁殖法を「無性生殖」といいます。

無性生殖では当然ながら、親と子はまったく同じ遺伝情報をもっているため、子どもは全員、親のクローンです。遺伝子に変異が起きたときには、その変異が環境に適応的であれば生き残り、生き残ったものたちはまたそのクローンをつくります。

今から20億年前に真核生物（第3章参照）が生まれます。真核生物は核をもちバクテリアとはまったく異なる細胞からなります。最初の真核生物はもちろん単細胞です。そのうちの一部は染色体数が単相（n）と複相（2n）をくりかえすことで性を獲得します。なお、「n」は染色体の種類の数を示しています（詳しくは74ページ）。

たとえばゾウリムシは単細胞生物ですが、2nの染色体は減数分裂によってnになり、他のnと合体して2nに戻ります。これが有性生殖の始まりです。同じ単細胞の真核生物でもアメーバはnのままですから有性生殖はできません。

約6億年前に多細胞生物が生まれます。多細胞生物は減数分裂により単細胞のnの卵と精子をつくり、これが合体して受精卵になり分裂して多細胞の成体になります。これがわれわれになじみがある有性生殖で、オスとメスが必要なので両性生殖と呼ばれます。両性生殖では、2つの個体の細胞（生殖細胞）が合体することで、遺伝子の組み合わせが変わり、生まれてくる子どもたちはどちらの親とも異なる、新しい遺伝情報をもつ個体になります。もはや親のクローンではない、親とは異なる個体として誕生するわけです。

このように子が親と異なる遺伝情報をもって生まれることが、生物の多様性の始まりです。両性生殖によって同じ種であっても、基本的に各個体が唯一無二の存在となりました。両性生殖は生物の種内の遺伝的な多様性を生み出す原動力です。いいかえれば、生物が両性生殖という繁殖法を見いだした最大の意義は、クローンだらけだった地球に豊かな多様性をもたらしたことにあります。

種内の多様性メリット

では、種内の多様性は、生物にとって何かメリットがあるのでしょうか。地球の環境はたえず変化しています。たとえば、今は温暖化が問題になっていますが、大きな火山がとてつもない大爆発を起こせば、たちまち気温が1〜5度くらい急激に下がってしまいます。そのとき、全員がクローンでは絶滅するかもしれません。

しかし、遺伝的多様性に富む生物だと、中にかならず「変わり者」がいて、変わり者の中にはほかとは違うがゆえに、他の個体では死滅するような環境にも何とか適応して、生き残る可能性も出てきます。少数であっても彼らが生き残れば、新しい世代を生み出して種が保たれる可能性があるわけです。

中には多細胞生物でありながら、メスだけで生殖をするものもいます。著名なのはヒルガタワムシです。これはバクテリアの無性生殖と違って単為生殖と呼ばれます。

ヒルガタワムシは世界中に700種類以上も生息していて、メスが生んだ卵が受精しないで発生する単為生殖で殖えます。単為生殖にもかかわらず4000万年以上生き抜いています。彼らはほかのバクテリアや植物、菌類などから時々遺伝子を導入しています。それによって遺伝子の多様性を得ようとしているのです。

遺伝子は通常、親から子へと時間的に垂直に伝わりますが、ヒルガタワムシでは時々別の種から遺伝子が移ってくるのです。このような遺伝子の伝わり方を「水平伝播《でんぱ》」といいます。ヒルガタワムシは異なる生物の遺伝子を自分の中に組み入れて、頻繁に遺伝子の組成を変えながら、両性生殖と同様の多様性を獲得しています。

4000万年ものあいだには、何回も天変地異に見舞われたはずですが、このちっぽけな動物たちは死に絶えることなく今なお生きています。

アイルランドで1845年から1849年にかけて、主食であるジャガイモが、カビの1種によって引き起こされるジャガイモ疫病によってほぼ全滅して大飢饉が起こりました。100万〜150万人もの人々が餓死し、また、アイルランドの人口が激減するほど多くの人々が国を去ってアメリカへ移住したのです。アイルランドで栽培されていたジャガイモはランパートという1品種のみで、これは当時流行した病気に抵抗性がなかったのです。この単一栽培が壊滅的な被害をもたらした大きな要因です。

画一的であることは、きわめてリスキーな状態であり、アイルランドのジャガイモ飢饉は多様性を欠くことの危うさを物語っています。もし違う種類のジャガイモも栽培していれば、おそらくこれほどまでの甚大な害を被ることはなかったでしょう。

ところで、ジャガイモ飢饉がもし起こらなかったら、アメリカにジョン・F・ケネディ大統領が生まれることはなかったでしょう。ケネディの祖先はジャガイモ飢饉のときにアメリカへ移住したアイルランド人でした。

多様性は効率が悪い!?

両性生殖がつくりだした多様性は、危機に見舞われたときにその力を発揮するわけですが、一方、無性生殖や単為生殖による画一性は、今生きている環境に適応している限りでは両性生殖の生物よりも圧倒的に有利に働くことがあります。

たとえば、ヨーロッパ各地やマダガスカル島にミステリークレイフィッシュというザリガニがいます。ドイツの水族館で2nのザリガニと4nのザリガニのハイブリッドとして3nのザリガニが生まれ、これが増殖したと考えられています。なお、「n」は染色体の種類の数を示しています（詳細は74ページ）。いずれにしても、3nの生物は減数分裂ができないので、メスによる単為生殖か栄養生殖（挿し木などによる無性生殖）で殖えるしかないのです。みなさんがよく知っているバナナは3nで栄養生殖で殖えます。単為生殖も栄養生殖も生まれてくるのはすべて母親と同じ遺伝情報をもったクローンです。

このミステリークレイフィッシュは次々に卵を産んでどんどん増え、育つのも速いので、養殖にはもってこいということで、マダガスカル島に持ち込まれました。

しかし、そのうちの何匹かが養殖場から逃げ出しました。マダガスカルの環境がよほど適していたのでしょう、どんどん増えてそこに棲んでいた在来種のザリガニと競合して、在来種のザリガニは駆逐されつつあるようです。

両性生殖のザリガニが、単為生殖に太刀打ちできなかったのも無理はありません。単為生殖なら相手を探す労力も、ほかのオスと戦ってメスを奪い合うエネルギーも必要ありませんし、交尾に持ち込むまでの何かと面倒な儀式も不要です。
すべてにおいて低コストですむのですから、ムダなエネルギーや手間や労力を使っている他の両性生殖のザリガニがミステリークレイフィッシュに太刀打ちできるはずがありません。

実際、両性生殖の生物が繁殖のためにおこなっているさまざまな行為は、そのほとんどがムダの最たるものであり、エネルギーの浪費にすら思えます。たとえば、孔雀のオスがメスの気を引くためにあの美しい羽根をいっぱいに広げるにはどれほどのエネルギーを要するのでしょう。

キリンは1頭のメスをめぐって、ネッキングといって、オス同士が長い首を鞭《むち》のように撓《しな》らせながらたがいの首を打ち合い、叩きつけ合い、打ちどころが悪ければ死にかねない、命がけの戦いをくりひろげます。

その点、ミステリークレイフィッシュのように、交配のためにエネルギーを使わない単為生殖は、たしかに両性生殖よりも効率よく繁殖していることは間違いありません。しかし、長い目で見れば、天変地異や気候変動などにより地球環境が一変する可能性もあるわけで、そうなると単為生殖の生物は絶滅する可能性もないとはいえません。

短期的に見れば、ミステリークレイフィッシュのような単為生殖のほうが、効率がいいかもしれません。が、長期的に見れば、ムダなことばかりしているかのような両性生殖の生物のほうが絶滅の危機を免れる確率がはるかに高いのです。ムダの効用ですね。

ムダを排して、なるべく効率よくすることは、そのやり方が環境に合っているときは強いけれど、ひとたび変化が起きると、ガタガタになってしまう点では、人間社会も同様です。目先の効率ばかり追い求めていると、手痛いしっぺ返しを受けます。たとえば、大阪府は新型コロナウイルスの感染者数に対する死亡率が、いっとき東京都の2倍以上に達していました。この惨劇は、経済効率を何よりも重視してムダをなくそうと、病院の統廃合を進め、保健所の数を削減してきたことの結果であることは明らかです。

何かあったときのために日頃から、ある程度の数の空きベッドを用意するなどの「ムダ」をつくっておくことは大切です。大阪の維新の政治家たちも両性生殖の生物を少し見習うとよいかもしれません。

減数分裂によってＤＮＡが修復される

両性生殖は多様性の保持のほかにもう1つ重要な役割を果たしています。ＤＮＡの修復です。生殖にかかわる精子や卵子といった生殖細胞以外のすべての細胞は「体細胞」です。体細胞分裂でも細胞のＤＮＡの損傷を修復させることができます。しかし、両性生殖では減数分裂の際にDNAの損傷をほぼ完璧に修復できるので、修復のレベルの高さにおいては、体細胞分裂のそれをはるかに凌《しの》いでいます。

具体的には、精子と卵子をつくるために減数分裂をおこなうときには、相同の染色体がくっつきながら遺伝子交換をおこないます。このとき、片方の染色体の一部の遺伝子に損傷があれば、もう片方の遺伝子を参照して、その部分の傷が修復されるのです。

しかし、両方の遺伝子とも同じ個所に損傷を受けていると、傷を修復することはできず、その場合の細胞は破棄されてしまいます。減数分裂によって生まれる生殖細胞はたくさんありますので、修復できないものは、それがわずかな傷であっても惜しげなく捨てられて、完璧な細胞だけが生き延びるのです。

こうして損傷を修復され、完璧な状態となって生きのびた生殖細胞（卵と精子）が合体して受精卵となり細胞分裂をくりかえして、体のさまざまな組織や器官、臓器が形づくられていきます。

高齢者の精子からでもピッカピカの赤ちゃんが生まれるのは、減数分裂によって遺伝子の損傷が修復されるおかげであり、また、多くの女性たちが40歳をすぎても元気な赤ちゃんを産んでいるのも同じ理由でしょう。ただし染色体自体の本数に異常が起こる確率は高くなり、ダウン症児が産まれやすくなります。なお単為生殖では減数分裂をおこなう場合とおこなわない場合がありますが、前者では遺伝子は修復されます。

両性生殖と70兆の組み合わせ

では、両性生殖とはどのようなしくみになっているのでしょう。その特徴は遺伝的多様性をつくり出すしくみにあります。人間の体は約37兆個の細胞で構成されていて、それぞれの細胞が核をもち、その核に遺伝子を含む染色体が入っていて、1つの細胞の中に23種類の染色体が対になって存在します。

染色体の種類の数を「n」で表すと、人間の場合は2nとなり、nが23で、23×2=46。そのうち2本は性染色体で、男ではXY、女ではXXで、残りは常染色体です。

減数分裂後の卵子と精子の染色体はともにnの23本。それらが合体してできた受精卵には2n、46本の染色体が収まっていることになります。

ちなみに、生殖細胞以外の体細胞の分裂では、染色体の複製をおこなって4nにしてから2つに分裂し、その新しい細胞に染色体がそれぞれ2nずつ分け与えられるため、細胞分裂によっても染色体の数が変わることはありません。

さて、さきほど、親たちとは異なる遺伝情報をもった子どもが生まれるため、両性生殖こそが多様性を生みだす原動力だと述べました。その多様性は母親が減数分裂によってつくる卵子のセットだけでも2の23乗、8388608通りにもなり、これに父方の精子も加わると、「2の23乗」×「2の23乗」で、なんと約70兆通りもの組み合わせができるのです。さらに減数分裂のさいに遺伝子の組み換えが起こるので、この数はさらに増え、ほぼ無限といってもいい組み合わせになります。

多様な組み合わせの生殖細胞が生じるということは、遺伝的に多様な個体が生まれることにほかならず、約10億年前、生物が減数分裂をともなった両性生殖という生殖法を発見したことによって、生物はこれほど豊かな多様性を手にすることができたのです。

男と女はどう決まる？

では、ここで受精卵が女の子になるのか男の子になるのかがどのように決まるのかを見ておきましょう。

1つの細胞の中には23対の染色体が入っています。最後の23対目の染色体は、女性ならXX、男性ならXYの組み合わせです。女性のXXのうち、体細胞ではどちらか片方は働かないようにマスクされます。ヒストンという物質でしっかりと縛られて、タンパク質がつくれないようにされてしまうのです。なぜこのようなことをするのかというと、Xが2つとも働くと、タンパク質が過剰につくられて、うまく機能しなくなるためです。どちらのX染色体がマスクされるかは細胞ごとにランダムに決まります。

一方、男性ではXYのうちのY染色体は父親由来で、母親由来のXと合わさってXYとなり、男の子が生まれます。父親からXをもらった場合は、母親からのXとが一緒になってXX、つまり、女の子になるわけです。

女性の体は性染色体に関してはモザイク状になっています。女性を決定するXXの染色体には母親からのXと父親からのXがあり、この2つのXは機能などが微妙に違っています。女性の体はたがいに微妙に異なるX染色体がモザイク状に入り混じってできているわけで、女性のほうが複雑なつくりになっているといえるでしょう。女性に自己免疫疾患が多いのも、このモザイク状の複雑なつくりが関係しているのではないかと私は思っていますが、理由は専門的になりすぎるのでここでは省略します。

女性の場合、脳もやはりモザイク状になっていて、脳細胞ごとにどちらかのXが活性化するわけです。体だけでなく脳も女性のほうが複雑にできているのかもしれません。

一方、男性はすべての細胞にXYが入っているので性染色体がモザイクになっていることはありません。Y染色体上にSRYという遺伝子があり、この遺伝子が働くことによって男性の体がつくられます。SRYが働かないと、Y染色体をもっていても男の体にはなりません。

一夫一婦制を一生にわたり守りとおすアホウドリ。

アホウドリは浮気をしない

さて、ここからは、他の生物たちの多彩な「男女関係の形」を見ていきましょう。

人間以外の生物の中にも一夫一妻制を一生にわたり、守りとおすものがいます。アホウドリです。若いオスは繁殖期に独特の求愛ダンスをして1羽のメスといったんつがいになったら、一生、浮気をすることはありません。子どもが生まれると、一緒に子育てをして、ひなが育ち巣立ちしたら、つがいは別れて大海の上をひたすら飛び続け、次の繁殖期に同じ場所に戻ってきて前年と同じつがい相手を探して、一緒に子育てをします。アホウドリは半球睡眠といって、右脳と左脳を交代で眠らせることができるので、睡眠のために地上で羽を休める必要がないのです。

長谷川博《はせがわひろし》さん（東邦大学名誉教授）というアホウドリの研究者が、アホウドリの繁殖地をつくるために、伊豆諸島の鳥島《とりしま》のある斜面にアホウドリのデコイ（模型）を並べたことがあります。1羽のアホウドリがデコイだと知らずに惚《ほ》れてしまい、求愛ダンスを始めました。もちろん、模型ですから反応はなし。それでもこのアホウドリは年に1回、9年間も通い続けて、ダンスを披露し続けたのです。

長谷川さんはそのアホウドリのことがさすがに気の毒になって、そのデコイをとりはずしました。それでついに諦めたのでしょう、もう死んでしまったと思ったのかもしれません。ようやく新しい相手を見つけて、つがいになったそうです。なんともけなげで、一途な想いが胸を打ちますが、これを人間に当てはめるのは少々酷な話かもしれません。

アホウドリが誰かに惚れて、いったんつがいになったら最後、決して浮気をしないのは、その習性が遺伝的に組み込まれているためです。人間には幸か不幸かそのような習性は遺伝的に組み込まれていません。つまり、人間は浮気をすることのほうが生物学的にはむしろ自然なことなのでしょう。

乱交状態のアンテキヌス

アホウドリとは対照的なのが、オーストラリアに棲息する有袋類のアンテキヌスでしょう。生まれて8、9ヵ月でオスもメスも生殖が可能になります。オスは男性ホルモンのレベルが異常なまでに高まり、さかりがついて1ヵ月間ほどというもの、食べることも忘れてひたすら交尾に明け暮れます。全エネルギーを交尾のためだけに費やしているため、免疫機能は低下して寄生虫だらけになって毛もごっそり抜け、最後の交尾が終わると、力尽きて死んでしまいます。オスは1年も生きられないのです。

メスも負けてはいません。来るものは拒まずで、イケメンがいい、高身長がいいなどといった選り好みはいっさいなく、出会いがしらのオスたちと交尾をくりかえします。こうしてたくさん交尾をしたメスたちがたくさんの子どもを産む頃には、オスたちはすでに死に絶えていますから、しばらくはメスと子どもたちだけで暮らし、そして、8、9ヵ月もたてば成体になったオスたち、メスたちが発情して乱交状態が始まるのです。

アンテキヌスにとっては自分の遺伝子を残すこと、種を絶やさないことこそが生きる目的なのかもしれません。1回でも多く、1匹でも多くの異性と交尾することが種の保存にかなった生き方なのでしょう。

雄ライオンは1日50回セックスする

アンテキヌスに限らず、多くの生物がそれぞれの仕方で種を絶やさないよう必死に生きています。たとえば、百獣の王ライオンも例外ではありません。

ライオンは7〜8頭から、大きいものでは15〜20頭ほどの群れで暮らしています。この群れをプライドといい、プライドにはオスが1〜数頭いて、残りはすべてメス。どうやらライオンのメスは何回も交尾をしないと妊娠できないようで、メスが発情すると、オスは同じ相手と場合によっては1日50回も交尾をします。終わって少したつと、またメスが仰向けになってせがむのですから大変です。

1回の交尾の時間が短いとはいえ、オスはエサも食べずにまさに死に物狂いで何度もがんばり続けるため、交尾期間が終わる頃にはげっそり痩せて疲れ果てています。

しかも、メスたちは次から次に発情しますから、オスはそのたびに応えなければなりません。ここまでくるとオスにとってセックスは快楽などからはほど遠い苦役に近いものかもしれません。オスが数頭いるプライドでは、数頭が交代で交尾をします。

数頭のオスが交代で交尾するために、生まれてきた子どもはどのオスの子かわからないので、どの子どももオスから平等に扱われますし、また、プライドで何か不測の事態が起きたとしても、特定の子どもを選択的に殺すなどということもありません。

ライオンのオスはメスたちに狩りをさせて、よく昼間から居眠りしています。けれど、それはオスが怠け者なのではなくて、エネルギーを狩りに使うより交尾に使うほうが

100頭ものメスを相手にするゾウアザラシ。

重要だからなのでしょう。

オスの名誉のためにここでいっておくと、オスは体も大きいし、実は狩りも大の得意です。実際、キリンなどの大物はオスにしか倒せませんし、プライドに侵入したハイエナを追い払うのもオスライオンの仕事です。

ゾウアザラシのオスだけにはなりたくない

100頭ものメスを従えて、華麗なるハーレムをつくっているのがゾウアザラシです。ハーレムの主をビーチマスターといい、繁殖権を一手に握っています。体がひときわ大きく、メスの4倍以上のサイズで、他のオスたちよりも大きくて堂々たる体躯を誇っています。

このビーチマスターのまわりを100頭ほどのメスがとりかこみ、さらにその外側ではあぶれた多くのオスたちがたむろしています。その中でビーチマスターが次々にメスと交尾します。１００頭ものメスの相手にするのですから大変でしょう。ぼくはオスのゾウアザラシだけにはなりたくないですね。

では、あぶれたオスたちは何をしているのでしょう。全員がただ指をくわえて見ているわけではありません。中には、ビーチマスターが交尾に専念しているスキを狙ってすばやくほかのメスの後ろに駆け寄り、ちょちょっと交尾をして逃げていく輩《やから》もいます。見つかればビーチマスターに殺されかねないのに、実に勇敢で、要領のいいヤツです。

あぶれたオスたちもなかなかやるもので、生まれた子どもたちのDNAを調べると、ビーチマスターの子は全体の半分ほどだったという報告もあるほどです。結果的には、ビーチマスター以外のさまざまなオスの遺伝子も数多く受け継がれることになり、オスたちのコソ泥みたいな行為は、ゾウアザラシという種の多様性の保持に大きく貢献していることになります。

彼らの生き方は存外、賢いのかもしれません。ビーチマスターは１００頭ものメスの群れを統率し、交尾とビーチマスターの座を狙うオスとの闘争に明け暮れて、費やすエネルギーも大変なものでしょう。

一方、あぶれたオスたちではそのようなエネルギーを使う必要もなく、責任を負わされることもなく呑気なものです。で、ときどきビーチマスターの目をかすめてちゃっかり交尾もして、自分の遺伝子をちゃんと残してもいるのだから、たいしたものです。

人間社会にも、あぶれたゾウアザラシのような男性がいるようです。「まとも」とされる男性社会においては、正式に結婚して、懸命に働いて金を稼いで女房、子どもを養ってというのが、典型的なパターンでしょう。一昔前の日本がまさにそうでした。

この生活を維持するにはかなりのコストとエネルギーを要しますが、結婚もしないで、子どもも家庭もつくらないとなれば、コストやエネルギーを大幅に削減できます。そこで、結婚はやめにして、もっぱら夫の目を盗んでは人妻とちょちょっとセックスを楽しむという省エネタイプの輩もいるわけです。

まあ、これも1つの生き方です。こういう輩もいるということは、人間の種としての多様性の豊かさを示しているのかもしれません。

ところで、哺乳類ではオスの体がメスよりも大きい動物に一夫多妻が多いといわれています。ゾウアザラシのビーチマスターはメスの4倍以上もの体重があります。100頭ものメスのハーレムをつくれるはずですね。そこへいくと、人間は平均すると、女性の平均体重が1に対して男性が1・2〜1・3。一夫一妻よりもやや一夫多妻寄りといえなくもありません。

人間の場合、アホウドリのように終生、相手を変えないことが遺伝的に書き込まれているわけではなく、しかも体のサイズも女：男＝1：1・2〜1・3です。人間に浮気をするなというのは、やはり生物学的には少々酷だといえそうです。

ライオンやゾウアザラシのオスの勇気と哀愁を画いたマンガに、私が監修した『したたかでいい加減な生き物たち』（イラスト村木豊、さくら舎、2021年）があるのでぜひ読んでみて下さい。

タマシギのメスは尻軽か？

チドリの仲間にタマシギという鳥がいます。タマシギは生物には珍しく一妻多夫。発情期になると、メスは自分からオスのところへ押しかけて交尾をして、卵を産み、そのあとは子育てをオスに任せて、また別のオスのところへいきます。「私、子どもがほしいの、交尾させてあげるわよ」と誘うのです。こうして、子育てはオスに押しつけておいて、次から次に違うオスと交尾をしては産卵します。

タマシギのメスを「尻軽」と非難する人はいないでしょう。タマシギという種はこういうやり方で存続しているのですから。

人間はセックスに快楽を求める

人間の性行動はこれまで見てきた生物とは、まったく異なります。

発情期がなくていつでもセックスが可能で、生殖機能がなくなってもセックスをして、奇妙な変態的プレイを楽しむ者までいるというのは、他の生物では決して見られない特徴です。なぜ人間だけがこのように違うのでしょう。

人間以外の動物にとってのセックスの目的はただ1つ、生殖です。つまり、自分のDNAを残して、種を絶やさないための行為です。そのたった1つの目的のために、ゾウアザラシもライオンもアンテキヌスも食べることも忘れて、ひたすら交尾に励みます。

サケにしても、産卵のために必死で川を遡上し、産卵場所にまでようやくたどり着くと、最後の力をふりしぼってメスが卵を産み、オスがその上に射精するのです。産卵後、川にはおびただしい数のオスとメスのサケの死体が浮くことになります。多くの動物にとってセックスは子孫を残すというたった1つの目的に特化した、命がけの行為といえるでしょう。

ところが、人間のセックスはふつう、そのような悲壮感とは無縁です。なぜなら、セックスの目的が生殖だけでなく、むしろ快感を得たり、親密さを深めたりするためのものでもあるからです。人間はセックスによって、ほかでは得られないような強烈な快感や興奮を経験し、また、共感や一体感を覚えて親密さや絆を深めることができます。人間にとってのセックスは繁殖以上に、快感と愛情表現を目的とした行為といえるでしょう。

このように、人間が1年中セックスをして、繁殖能力がなくなってからもセックスをするのは、繁殖以外の目的があるためです。では、他の動物はセックスに快感を覚えないのでしょうか。人間以外の動物、とくに哺乳類のメスはセックスがあまり好きではないようです。ライオンのメスはオスに何度も交尾をせがむという話をしましたが、それは種の保存のための本能的な行動であって、快感を得たいためではないと思います。なぜなら、快感どころか、交尾はメスに苦痛をもたらすものかもしれないのです。

実は、人間以外の哺乳類のペニスの先端には小さなトゲがついているのがふつうです。人間に一番近いチンパンジーにさえトゲがあります。交尾のときにこのトゲが子宮口に突き刺さるため、メスが逃げだすのを防ぎつつ、メスの体内に確実に精子を送りこむことができます。これも種の繁殖のために生物が獲得した形質でしょう。

野生の哺乳類などでもメスが交尾をいやがる様子がしばしば見られ、これも1つには、ペニスの先のトゲが子宮口に刺さるのが苦痛だからなのでしょう。

ところが、人間だけはなんとも幸運なことに、進化の過程でペニスからトゲが消えてなくなったのです。トゲがなくなったことは、私たちの人生に喜びと幸せと潤いをもたらす一大事件だったといえるでしょう。

トゲの痛みから解放された女性たちは、そこではじめてセックスを自由に楽しめるようになりました。それによって女性にとっても男性にとってもセックスが愛情表現のツールとなり、えもいわれぬ快感の源泉となったのでしょう。

ところで、セックスの絶頂感をフランス語では「プチ・モール」、つまり、「小さな死」と表現するそうです。強烈な快感を失神にたとえて、「小さな死」という言葉を比喩的に使ったのでしょう。

けれど、生物は有性生殖をおこなうようになって、同時に、死ぬ能力も獲得しました。そのことを考えると、「プチ・モール」は性的な快感以上のことを示唆している表現ともいえるかもしれません。

セックスを生殖から切り離し、愛情表現や純粋な快感として楽しむことは、他のどの動物にもない人間だけの特性であり、特権といえます。でも、不思議ですよね、なぜ、人間だけがそのような「いい想い」ができるようになったのでしょう。

それはきっと人間が、頭がよくて、そして、バカでもあるからだと思います。人間の脳の容量は1380ccほどあり、400ccのチンパンジーの3倍以上です。

そのため、神さまが心配なさったのだと思います。こいつらは頭がいいから、セックスが苦痛だとセックスを回避するかもしれないぞ、と。実際、他の動物のように繁殖のために生きるだけでは満足できずに、便利な道具をつくったり、小説を書いたり、楽器を弾いたり、自然をめでたり、金儲けをしたりしてきました。つまり、子どもをつくること以外にもやりたいこと、やらなくてはならないことがたくさんあるわけです。セックスが苦痛なら普通は避けたくなるでしょう。

また、女性の場合、妊娠・出産がおよぼす精神的、肉体的な負荷はとても大きくて、出産で命を落とす危険性もあります。そうなれば、頭のいい人間のことです、かなりの女性たちが生殖につながるセックスを避けようとするかもしれません。

そこで、神さまは一計を案じ、頭のいい人間にだけセックスに快楽・快感という楽しみを付与なさったのではないでしょうか。神さまはまた、人間が頭はいいけれど、バカな面もあることを知っていました。楽しいこと、気持ちがいいものが目の前にあると、後先のことを考えられないのです。目の前に好物の食べ物があれば、太るとわかっていても食べてしまいますし、この人妻とセックスしたら、あとで大変だよなあ、と頭ではわかっていても誘惑には抗《あらが》えません。

いずれにしても、セックスが楽しいものであれば、人間は積極的にセックスをするようになり、その結果、子どもも増えるでしょう。セックスの快感が、頭がよくて、バカでもある人間への神さまからの贈りものだと考えれば、40歳をすぎても、50歳、60歳、70歳になってもセックスを楽しまない手はありません。

とまあ、比喩的に書いたけれども、セックスをして子孫を残さなければ、種は絶滅してしまいます。セックスが快感になったおかげで、人間という種は存続をしているのでしょう。もう少し学問的にいえば、自然選択はセックスが楽しいというほうに味方したのです。

変態プレイと脳の報酬系

人間における性の不思議さの中でも、ひときわ際立っているのが、いわゆる変態プレイでしょう。ほかの動物が見たら、なぜあんなアホなことにうつつを抜かしているのか、とあきれはてるはずです。

女性を縛って何が楽しいのか。チンパンジーのオスがメスを縛るところなど見たことがありません。いい歳をしたおっさんが女子高生の短いスカートの中を盗撮したり、盗んできた下着に夜な夜な興奮したり、トイレに忍び込んだりする輩までいるのだから驚きです。

こういった行為はすべて、どう考えたってムダです。ムダの極致です。そこには何の合理性も見いだせません。人間は仕事や経済には合理性を求めるのに、ことセックスに関しては、合理性のかけらもない行為をする人たちがいるのです。

ほかの動物たちは性的行為のすべてが、繁殖という1つの目的にそった合理性に貫かれています。たとえば、さきほどのキリンもネッキングで勝利を収めたオスは、お目当てのメスのところへ行ってまず尿を舐《な》めます。受胎が可能かどうかをチェックするためで、受胎の時期ではないとわかると、交尾しないで離れていくのです。

人間から見ると、命がけで戦ったのにもったいない気もしますが、キリンとしては受精する可能性がないのに交尾をすれば、エネルギーのムダでしかないという合理性に基づき、判断を下しているわけです。

なのに、なぜ人間はほかの動物には決して見られない不合理な性的行動をするのでしょう。これもどうやら、人類が大容量の脳を獲得したことと関係があるようです。

大容量の脳には、複雑な回路をもった多数のネットワークが張り巡らされています。たいていの人たちは、ムチに打たれて痛みを感じる回路と、性的快感を覚える回路とはつながっていません。が、何かの拍子で回路が混線してこの2つがつながってしまうことがあるらしいのです。そして、一度つながって快感を覚えると、今度は脳の報酬系が作動しはじめ、やめられなくなります。

報酬系では、欲求が満たされたとき、あるいは、満たされるとわかったときにドーパミンという神経伝達物質が大量に分泌されて、多幸感がもたらされるのです(ギャンブル中毒などさまざまな中毒症状もこの報酬系の活性化が関係しています)。

一度この味を知ってしまうと、次に同じ刺激がきたときには条件反射的に脳が反応して、報酬系のスイッチが入ってしまい、ドーパミンが分泌されて多幸感が得られます。警察に何度捕まっても、あるいは、一生が台無しになるとわかっていても、盗撮をやめられない人などは、この報酬系の活性化に抗えないのでしょう。

こういった不合理で、奇妙奇天烈な性的行動も複雑な脳がなせるワザであるのなら、人間らしい行為だといえなくもありません。また、性的嗜好はきわめて個人的なものであり、社会的な道徳で縛るべきものではなく、原則的にはどんな性的嗜好をもっていてもその人の自由です。他者を傷つけるような犯罪行為でない限りは、同好の士で楽しめばいいだけの話であり、40歳をすぎたら、みずからの心を解き放ち、ドーパミンの報酬系が活性化するにまかせて、自分の性的嗜好に忠実になるのも1つの生き方でしょう。

ところで、動物は食べるときには隠れることがあります。エサを横取りされたくないからです。が、排泄《はいせつ》も交尾も隠しません。誰が見ていようが平気の平左《へいざ》です。ところが、人間は、みんなの見ている前で一緒に会食を楽しむのに、排泄とセックスだけは他人の目にふれないように隠れておこないます。これは、人間には排泄とセックスに対する羞恥心があり、それが排泄やセックスを人目にさらすことへの強いブレーキとして働いているためです。

排泄とセックスのとき、人はもっとも無防備な状態にあります。人間は足も遅ければ、腕力もなければ、牙さえもない、とても非力な生きものです。そのような人間がいつでも無防備な状態をさらせば、他の動物たちに襲われる可能性が高くなります。そこで、排泄もセックスも目につくところでは決しておこなわないようにと、人間にはこの2つに対する羞恥心がしっかりと植えつけられたと考えられます。

ところが、中には、他人に自分たちのセックスを見せつけて楽しむ人たちもいます。タブーを破ることのうしろめたさがスパイスとなって、強烈な快感を覚えるのかもしれません。

閉経後こそ恋もセックスも楽しめる

人間以外の動物には通常閉経がない、といわれてきました。他の多くの動物のメスたちは通常生殖能力がなくなった時点で死んでしまうため、閉経まで生きられません。なのに、なぜ人間の女性だけが閉経後も20年、30年と長く生き続けられるのでしょう。この疑問にニューヨーク州立大学のG・C・ウィリアムズが「おばあさん仮説」なるもので答えました。

「子育てが終わった女性は育児の経験が豊かだから、孫の世話をするのが上手い。したがって、女性が閉経後も長く生きて孫の面倒をみることは、自分の遺伝子の保存に役立つ。そのため、ヒトの女性は閉経後も生き続けることに自然選択は味方した」というのです。

これを読んだとき正直いって、眉唾に思えましたが、2019年にシャチのメスもまた、生殖能力がなくなってからも長く生きて、「おばあさん」をしていることがわかりました。シャチの出産可能な年齢は12~40歳ですが、メスは90代まで生きてその間、エサをやるなど孫の世話をしてすごします。おばあさんシャチが面倒をみることで、孫の生存率が上がるというのですから、おそらく「おばあさん仮説」は正しいのかもしれません。

ちなみに、シャチの「おじいさん」の場合は孫の世話ができないためか、50代で用済みとなり、寿命が尽きます。

人間に話を戻すと、仮に生物学的には孫の面倒をみるために長生きするのだとしても、それに従わなければならないという法はありません。孫がいない女性もいますし、孫がいたとしても面倒をみるか、みないかはその人の選択しだいです。それぞれの事情や考え方に従って生きていけばいいのです。

そして、「おばあさん仮説」がどうであれ、多くの女性たちが好むと好まざるとにかかわらず、閉経後も何十年と生きることになります。そのとき、閉経後の人生からセックスや恋愛を排除して、毎日、孫の面倒をみるだけですごすとしたら、もったいない話です。閉経後こそ「人間としてのセックス」の本番の始まりです。

人間にとってセックスは生殖だけが目的でなくて、愛情表現やコミュニケーションのツールであり、快感を得る行為でもあります。閉経になれば、このうちの生殖が完全に除外され、愛情表現と快感だけがその目的となります。他の生物たちは知らない、人間の性の特性に「特化」したセックスが可能になるわけです。これを楽しまない手はありません。スルーするなどもったいなさすぎます。

もはや妊娠の可能性はゼロです。望まない妊娠への不安からも、避妊具を使う煩わしさからも完全に解放されるのです。夫とのセックスを深めていくのもいいし、タブーをちょこっと破って夫以外の男性とエクスタシーを味わうのもきっと楽しいでしょう。

アホウドリ方式を通すのもすてきかもしれませんが、ときには多妻一夫のタマシギの生き方を少し見習えば、日々の生活に変化と、ときめきがもたらされて人生がより豊かになるかもしれません。

ただし、このときも、自分で考え、自分でつくった規範を掲げて生きることが基本です。もし、大切な家族と家庭を守るというのがあなたの規範なら、そこからいっとき逸脱したとしても、もとへ戻れるだけの賢さが必要となります。その賢さがあってこそ、成熟した大人の女性といえるのでしょう。

閉経後の女性が美しいわけ

生殖から解放される閉経後こそ、「人間としてのセックス」の本番だと書きました。けれど、それは避妊しなくても妊娠しないし、ラッキー、といったことだけでは決してありません。40歳をすぎた中高年やさらにその上の年齢の女性たちには、恋愛やセックスをするのにふさわしい美しさと魅力がそなわっているからです。

18〜22歳くらいの女性は美しいものです。匂いたつようです。顔形に関係なく、生殖に最適な時期にしかない、異性を引き寄せるためのメスとしての圧倒的な美しさです。しかし、その生物的な美しさは儚《はかな》いもので、じきに色あせてきて、やがて生殖可能な年齢をすぎると、メスとしての美しさは失われてしまいます。

ところが、女性によってはそれにかわって別の美しさが現れてきます。

たとえば、長年、積み重ねられてきた知性や教養といったものに裏づけられた美しさです。知性や教養はちょっとした表情や、しぐさや動きにも表れ、それは生物的な美しさとは異なる別の次元の美しさです。そういう女性はコミュニケーション能力が高く、話していても楽しくて、こちらの心も明るく弾んできます。若い女性にももちろんコミュニケーション力が高くて、愉快で知的で魅力的な人はいます。

しかし、40歳をすぎた女性たちが違うのは、そこに長年の経験が加味されている点です。さまざまな人生経験を糧《かて》にして、人として成長してきたのでしょう。その過程がシワの1本1本に刻まれて、そのシワがその人の内面の深さや奥行、美しさを浮かび上がらせます。

そういう女性はいくつになっても美しいものです。「男の顔は履歴書」といいますが、女の顔もやはり履歴書なのです。

もう歳だから、などとあきらめることはありません。知的で教養があって、人生経験が豊かで、いつもにこやかで、人の話に耳を傾ける女性なら、いくつになってもすてきな恋愛やセックスができるはずです。そして、その恋愛の経験がまた1つ糧となり、女性はさらに美しさを増すことでしょう。

年下でも気にすることはありません。1936年のベルリンオリンピック大会の公式記録映画『オリンピア』（1938年）の監督を務めたのは、レニ・リーフェンシュタールという女性です。その芸術性の高い美しい作品は絶賛されました。しかし、戦後は、ナチのプロパガンダに利用されたベルリン大会やナチの党大会の映画を撮ったということから、ナチの協力者として世界中から糾弾され、非難され、さらには黙殺されて映画の製作にも携われなくなってしまったのです。

そのレニがアフリカの海に魅せられて、スクーバダイビングのライセンスを取得したのが、71歳のときでした。その後、水中撮影による写真集を2冊制作し、さらに、2002年、100歳のときに『ワンダー・アンダー・ウォーター　原色の海』で映画監督復帰を果たします。

私生活では、100歳でレニは結婚しました。相手の男性は長年のパートナーで恋人だった、40歳も年下のホルスト・ケトナーです。レニは2003年に、101歳で波乱の人生の幕を閉じました。

レニ・リーフェンシュタールのことを考えれば、たとえば、60歳で40歳の男性と恋仲になってもなんら不思議はありません。人間以外では、60歳ですでに妊娠できないメスと40歳の男盛りのオスが交尾をすることはありえません。遺伝子や種の存続という意味では、その交尾はムダ以外のなにものでもないからです。

けれど、生物学的にはまったく意味のない、ムダなことに興味をもつことが、人間の本性だとしたら、閉経後に若い男性と恋愛してセックスすることも実に人間らしい行動といえるでしょう。

男性ホルモンは寿命を縮める!?

女性が40代半ばから50代はじめには閉経を迎えて、生殖能力を失うのとは対照的に男性は個人差があるとはいえ、70代前半までは妊娠させることができるようです。男性ホルモンが分泌されて十分な数の精子をつくれる限りは、男性の生殖能力は保たれます。

アンリ・ファーブルが71歳で子どもをつくったのは有名な話ですし、最近ではミック・ジャガーが73歳で、ロバート・デニーロが68歳でそれぞれ父親となって、「さすがだ」とけっこうもてはやされたものです。

このような男性は歳をとっても男性ホルモンの分泌が盛んなわけで、60代になっても若いおネエちゃんたちを追いかけ回している元気いっぱいのタレントもいます。が、実は、男性ホルモンには男性の寿命を縮める傾向があります。男性ホルモンが多い人はたいてい元気で、活動的です。こういった男性たちが元気なのは、細胞の中の「エネルギー工場」、ミトコンドリアが男性ホルモンによって活性化されて、さかんにエネルギーが産生されているためです。

ところが、エネルギーをつくるときにかならず発生するのが活性酸素です。活性酸素はあらゆる病気の元凶ともいわれ、細胞やDNAを傷つけてがんや糖尿病、心臓病などさまざまな病気の引き金となるのです。

アンテキヌスのオスの精巣を発情の直前に取り去る実験がありました。去勢すれば男性ホルモンが出なくて発情しないため、交尾もしません。アンテキヌスのオスは1ヵ月の発情期のあいだにめいっぱいメスたちと交尾したあと、1歳ほどで死んでしまいますが、去勢されて男性ホルモンが出ないオスの場合は、メスと同じで3年ほど生きられます。

また、昔の中国や韓国では精巣の切除手術を受けた宦官《かんがん》たちが数多く宮廷に仕えていました。地位や収入などが同程度の宦官と非宦官の寿命を比較すると、宦官のほうが14～19歳も長かったことがわかっています。

2020年に、永平寺で貫主《かんじゅ》の交代がありました。退任した福山諦法《ふくやまたいほう》貫主が87歳で、その後任は副貫主だった南澤道人《みなみさわどうにん》で、なんと御年93歳。古刹《こさつ》で貫主にまで上りつめるほどの方は、禁欲生活を貫き、男性ホルモンをどんどん抹殺することで煩悩を消せたのかもしれません。もしかしたらそうではないかもしれませんが。

長生きすることだけが望みなら、男性ホルモンが出ないように去勢するのが一番でしょう。歳をとってから去勢しても効果は薄いという話もありますけれどね。

しかし、ただ長生きすればいいというものではないでしょう。40歳をすぎて、50代、60

ヨハン・ヴォルフガング・フォン・ゲーテ（1749―1832年）。ドイツの詩人・小説家。

代になっても男性ホルモンが分泌されてセックスができるほうが、たとえ、そのことによって寿命が多少縮むとしても、人生ははるかに楽しく豊かなものになるはずです。

セックスを快感としてとらえられる能力は、人間だけのものです。さらに人間は38歳の自然寿命をはるかに超えて生きられます。その両方に感謝しつつ、40代、50代、60代、70代になっても恋にセックスに励むことは、人間の生き方として実に正しいことといえるでしょう。

ヨハン・ヴォルフガング・フォン・ゲーテが74歳のときに19歳のウルリーケに求婚した話は有名です。歳の差、実に55歳。ゲーテは主君のカール・アウグスト公に仲介をしてもらったそうで、アウグスト公はウルリーケに「どうせもうじき死ぬんだから、結婚してやれよ」と説得したそうですが、彼女はきっぱり断りました。結婚を断られたゲーテは目も当てられないほど落ち込んだとか。

それにしても74歳で19歳の女の子とマジで結婚しようという、その根性は見上げたものです。この原稿を書いているぼくはちょうど74歳ですが、とてもそんな根性はない。この1点だけとっても、ゲーテが偉大であることがわかるというものでしょう。

フランスの貴族社会は不倫が当たり前

18世紀フランスの貴族社会では夫婦とも夫以外、妻以外の相手とセックスするのが当たり前でした。「不道徳だ」などと咎《とが》める者もいません。むしろ、結婚しているのに、恋人がいない人間は奇異な目で見られていたようです。

あの時代の貴族にとって結婚は財産保持のためのもので、結婚相手は親同士が決めていました。恋愛も何もあったものではありません。結婚して子どもを数人産んだら、あとは恋愛は自由です。貴族の場合、夫婦の寝室は別ですから、妻も夫も自分の寝室に恋人を連れ込んで、それでも朝になると、何食わぬ顔で夫婦としてなごやかに朝食をとるわけです。

妻に恋人の子どもができても、あわてません。夫の子どもとして育てますし、夫のほうも、人妻との間にできた子どもは人妻の夫の子どもになります。おおらかといえば、おおらかだし、いい加減といえば、いい加減ですが、DNA検査などない時代ですから、とにかくこのやり方がうまく機能していたようです。

ルイ15世の公妾《こうしょう》だったのが、ポンパドゥール侯爵夫人です。パリ一の美女といわれた母親の血を引いて、彼女自身も大変な美貌のもちぬしだったといわれています。頭脳明晰、才気煥発で、啓蒙主義者のヴォルテールとも交流があり、おまけにダンスもピアノも得意でした。

ルイ15世にみそめられたのは、23歳のときです。すでに結婚していましたが、離婚もしないで、そのままベルサイユ宮廷に移り住みます。父親は銀行家で、彼女自身も平民の出身ですが、王様はポンパドゥールという、実際にいた後継者のいない侯爵の土地を召し上げて彼女に与えることで、侯爵夫人を名乗らせたのです。

あまりセックスが好きではなかったらしく、公妾となった6年後の29歳には、王様とはベッドを共にしなくなり、かわりに王様好みの女性を選んでは送り込んでいました。セックスはしなくても、王様は彼女を深く愛していましたし、ふたりはとても仲がよかったようです。政治にあまり熱心ではなかったルイ15世にかわって、彼女は自分の息のかかった宰相と組んで外交などでも大活躍し、42歳の若さで亡くなります。

ルイ15世とポンパドゥール侯爵夫人をはじめ、当時のフランスの貴族社会では、結婚していてもほかに恋人をつくることはごくふつうのこととして受け入れられていて、「不道徳だ」と糾弾する者などいなかったのです。

人間は生物学的にもアホウドリほど一夫一妻制には向いていないらしいことも考えると、18世紀のフランスの貴族の男女関係は、むしろ人間らしいふるまいといえるかもしれません。

自分を縛っているものからの解放

今の一夫一妻制はアメリカのピューリタンの影響が大きいのでしょう。超大国アメリカの歴史は、ヨーロッパで迫害を受けていたイギリスのピューリタンたちが移住したことに始まります。ピューリタンは性にかんしても非常に厳格で、一夫一妻制以外の関係は認めようとしませんでした。

しかし、生物学的には一夫一妻制は人間にはあまり向いているとはいえず、たんに社会的な制度として決められているだけで、絶対的な「善」でもなければ、「正義」でもありません。ところが、とくに最近の日本人は一夫一妻制に拘泥《こうでい》するあまり、そこから少しでもはずれた行動をとると、不道徳だ、ゲスだ、人間のクズだ、と責め立てます。何とも窮屈で、生きづらい世の中になったものです。中には、さんざんバッシングされても懲りずにくりかえす猛者《もさ》もいて、それはそれで見上げたものです。

もっとも、それとは逆に、夫以外、妻以外の異性（あるいは同性）とは気持ち悪くてセックスなどできないという人たちもいます。それは生物学的にも大いにありえる反応です。夫婦は同じ家で長い時間をすごし、ベッドもたいてい一緒です。そうなると、皮膚などに棲みついている常在菌がたがいに似通ってきますので、たとえば、夫が手づかみで食べたパンの残りを、妻は平気で食べられたりするのです。

ところが、婚外の相手では、常在菌も自分のものとはまったく違います。どんな常在菌をもっているかわかったものではなく、婚外のセックスとはそのような得体の知れない未知の常在菌にさらされることでもあります。潔癖な人だと「気持ちが悪い」と感じるのは当然かもしれません。

このようにセックスに対する感じ方や考え方は人さまざまです。このことをまったく考えないで、頭から「一夫一妻制＝正しい」「一夫一妻制＝間違い」と決めつけていては、人間というものを深く理解することはできないし、他人の行動に対してもひどく不寛容になってしまうと思います。

不倫を糾弾する人を見ていると、本人は気づいていなくても、不倫をしている人間に対する嫉妬やねたみといったものを感じます。自分にも夫以外の男性と、妻以外の女性と寝てみたいという隠れた欲望が潜んでいて、その欲望を抑圧して生きている反動なのかもしれません。

ところが、芸能人の不倫が週刊誌などで報道されると、抑圧していた欲望がちらっと顔を覗かせます。うらやましい気がしますが、それを自分でも認めるわけには断じていきません。そこで、「不倫は不道徳」という正義の御旗を振りかざして、顔を覗かせた欲望を封じ込めるのです。声高に不倫を批判する人ほど、ひょっとしたら不倫への隠れた欲望が強いのかもしれません。

恋愛やセックスに関しても、自分とは異なる多様な考え方や感じ方を排除しない寛容さが大切でしょう。そもそも無性生殖から、雌雄合体（セックス）をおこなう両性生殖へと進化することで獲得したのが、種の多様性なのですから。

40歳をすぎたら、自分が当たり前だと思ってきた画一的な「正義」や「正論」を一度、心の中から引っぱりだしてきて、疑いの目で見直すのもいいでしょう。自分を縛っているものの正体に気づいて、そこからの解放につながるかもしれません。

第3章

われわれはどのように進化してきたのか

――新しい自分と出会うために

初めての生物は「熱水噴出孔」で生まれた

私たち人間はどこから来たのか。私たちはいったい何者なのか。ほかの生物たちとどこが違ってどこが同じなのか。40歳をすぎたら、日々の生活に追われるだけでなく、ときには生物の進化という壮大なる歴史に思いをはせて、人生を見つめ直してはいかがでしょう。

本章では、38億年前、地球上に初の生物、好熱菌が出現してから、ついにホモ・サピエンス（人間）が誕生するまでの進化の過程をたどりつつ、ダーウィンの進化論とその矛盾点などについても解説したいと思います。生物の進化の歴史を知ることで、今、さかんに論じられている環境問題についても、個々の人間同士の関係についても、そして、死生観についても、これまでとはまったく違う視点の、新しい見方ができるようになるかもしれません。

では初めに、進化の出発点である地球上初の生物、「好熱菌」から考えてみましょう。

好熱菌は海底の「熱水噴出孔」のまわりで生まれたようです。熱水噴出孔とは、地球の内部のマグマ活動によって温められた熱水が噴出している場所のことで、そのまわりにアミノ酸がたまたまバラバラとあったのでしょう。それらが噴出する120度もある熱水を浴びると、その熱エネルギーによってアミノ酸同士がくっつき、2個、3個、4個……と鎖状につながっていったと思われます。

しかも、そこは深海で、熱水の近くには4℃ほどの冷たい水が溜まっています。この冷水が、くっついたアミノ酸を安定させてしっかりとした鎖にします。しばらくするとまた熱水にさらされて、アミノ酸の鎖がさらにまたくっついて長い鎖となり、そのあとまたそれらが冷水にさらされて安定する。

このくりかえしによって、タンパク質がつくりだされ、ついには、このタンパク質の中に簡単なRNA（リボ核酸）をつくり出す機能をもつものが現れ、このRNAとアミノ酸が対応して原初の遺伝暗号となり、ついには現在のようなDNAからタンパク質がつくられる仕組みができて、好熱菌が誕生したのでしょう。

好熱菌は1つの細胞からなる単細胞生物です。細胞には核がなく、DNAがむき出しになっていて、このような核のない生物を「原核生物」といい、大腸菌などの細菌やシアノバクテリアなどがその仲間です。

原核生物の時代は延々と続き、ようやく20億年ほど前になって、核のある「真核生物」が出現します。DNAはむき出しではなく、細胞内の核の中に大事に収められることになります。

真核生物は大きな原核生物の中に、ミトコンドリアや葉緑体のもとになる原核生物が外から侵入してきて、体内で共生するようになって誕生したと考えられています。最初にこの説を唱えたのはリン・マーギュリスという女性の研究者です。

真核生物は長いあいだ、単細胞のままでした。性を獲得したものもありましたが、多細胞生物にはなかなかなれませんでした。細胞同士が接着できなかったために、細胞分裂したら2つの個体に分かれるしかなく、いつまでたっても単細胞のままだったわけです。

複数の細胞をもった多細胞生物が誕生したのは、約6億年前のこと。生物はようやく接着する能力を獲得して、複数の細胞が共同で生活できるようになったわけです。つまり、細胞の表面の接着タンパクによって、分裂した細胞同士をくっつけられるようになり、その結果、2つに分裂した細胞が別々の個体に分かれることなく、たとえば、人間の個体は37兆個もの細胞をもつにいたったのです。

カンブリア紀の大爆発

約6億年前の多細胞生物の出現ののちカンブリア紀（5億4000万〜4億9000万年前）の初頭になると、生物の種類が爆発的に増えます。これを「カンブリアの大爆発」といい、現在知られている多様な生物の「門」がいっせいに出現したのですから、これは生物の歴史にとって一大事件でした。三葉虫類や脊椎動物が生まれたのもこの時代です。

次のオルドビス紀（4億9000万～4億4400万年前）には魚類が出現し、さらにシルル紀（4億4400万～4億1600万年前）には、それまで水中で暮らしていた生物のうち、ごく一部の植物や昆虫が陸に上がってきました。ついでデボン紀（4億1600万～3億5900万年前）の末には両生類が出現します。石炭紀（3億5900万～2億9900万年前）に移ると、陸上にたくさんのシダ類が生い茂り、これらのシダが堆積して石炭ができました。また、爬虫類が現れたのもこの石炭紀です。

魚類、両生類、爬虫類の順に誕生したあと、ようやくわれわれ哺乳類が出現します。三畳紀（2億5100万～2億年前）のことでした。この頃の哺乳類はとても小さくて、爬虫類の恐竜に頭を叩かれて大きくなれなかったようです。

ところが、6600万年ほど前に大隕石が地球に落ちて恐竜が滅び、新生代になって、哺乳類の天下となります。その種類も爆発的に増えて多様化し、サイズも大きくなっていきます。そして、約700万年前にチンパンジーから分岐して、人類が誕生するわけです。

人類の誕生

人類の進化を大まかに示すと、サヘラントロプス属から始まり、オロリン、アルディピテクス、アウストラロピテクスを経てホモに至り、最後に私たちホモ・サピエンスが出現します。700万年前にチンパンジーから分かれて誕生したのは、アフリカ中央部で出現したサヘラントロプス・チャデンシスとよばれる種でした。

240万年前には最初のホモ属、ホモ・ハビリスが登場し、ホモ・エルガステルやホモ・エレクトスなどがそのあとをつぎます。アフリカ大陸で誕生した人類は、ホモ・エレクトスになってはじめてアジアやヨーロッパにも広がっていきます。

ホモ・エルガステルから派生したと思われるホモ・ハイデルベルゲンシスが出現したのは60万年ほど前。約40万年前にはネアンデルタール人（ホモ・ネアンデルターレンシス）が出現し、さらに、約30万年前にアフリカで私たちの直接の祖先であるホモ・サピエンス、つまり、現生人類が誕生するのです。

ネアンデルタール人は約4万年前に絶滅したとされ、それ以前はネアンデルタール人とホモ・サピエンスが同じ地球上に共存していた時期もあります。ネアンデルタール人が絶滅したのは、ホモ・サピエンスとの戦闘で敗れたためとする説もありますが、当時は氷河期のさなかです。ヨーロッパに住んでいたネアンデルタール人はホモ・サピエンスとの餌取り競争に敗れ、寒さと飢えによって絶滅したと思います。

ネアンデルタール人とホモ・サピエンスとはときおり遭遇することもあったらしく、ホモ・サピエンスの女性と、ネアンデルタール人の男性とがセックスして子どもが生まれていることも確認されています。

ネアンデルタール人は絶滅したかもしれません。が、そのDNAは私たちホモ・サピエンスに受け継がれていることはたしかです。日本人もDNAの5パーセントほどがネアンデルタール人由来のものなのです。

私たちの体は38億年前の細胞の子孫である、人類みな兄弟

現在、地球上に存在している生物は約3000万種類にもおよぶと推定されていますが（異説もある）、それぞれの先祖をたどっていくと、そのすべてが最終的には38億年前に出現した、祖先細胞に行きつきます。つまり、あらゆる生物に共通した先祖が、その細胞なのです。

祖先細胞は分裂をくりかえして増殖し、やがてそれらがさまざまに分岐しつつ進化を遂げてきました。

ということは、われわれの体の中では38億年前から連綿として受け継がれてきた細胞が

今なお息づいていて、細胞の連続性という意味では、私たち人間を含めてすべての生物が38億年間、生きてきたことになります。

私たち人間の寿命は80年か、90年かそこらで尽きてしまうかもしれません。しかし、人間ではない頃も含めると、細胞レベルでは38億年間も生きてきたわけです。

人は死んでも、その人の中の38億年前から受け継いできた細胞は、子どもや孫の体の中で生き続けます。人は2回死ぬ、とよくいわれます。1回目は心臓が鼓動をやめ、呼吸が止まり、脳の神経細胞が活動を止めたとき、そして、あとの1回はその人を覚えている人間が1人もいなくなったときです。

しかし、子孫たちが生き続ける限り、細胞レベルでは自分の細胞の子孫は生き続けることになります。子孫が増え続ける限り、少なくとも自分の細胞は永遠に死なないと考えることもできるのです。

ところで、その昔、右翼の大物で財団法人日本船舶振興会（現・公益法人日本財団）の会長だった笹川良一《ささかわりょういち》が、テレビのコマーシャルにみずから出演して、「人類みな兄弟」と声を張り上げていたことがあります。人類みな兄弟？　そんなことはねえだろ、とか、照れもしないでよくいうよな、とか、みんな半ばあきれながらも面白がっていたのでしょう、一時的な流行語という以上に日本人にしっかりと定着して、ぼくなんかの世代では、40年以上たったというのに、「人類みな兄弟」の言葉が笹川良一の声とともにいまだに耳に残っています。

実は、右翼の大物が唱えたこの「人類みな兄弟」はバカにできません。というのも生物学的には正しいからです。そもそも地球上のあらゆる生物の祖先が、38億年前に誕生した細胞なのですから、生物はおたがいに親戚同士のようなものです。見方によっては人間とバクテリアも親戚同士といえます。

もう少し対象を狭めて類人猿に限ってみれば、類人猿の共通の先祖から2000万年前にテナガザルが分岐し、1500万年前にはオランウータンが、900万年前にはゴリラが、それぞれ分かれていって、700万年前についにチンパンジーと人類が分岐しました。今、地球上にいる約79億人全員の祖先を辿《たど》っていくと、すべて700万年前にチンパンジーから分岐した初期人類に行きつくわけです。

実際、現代の人間ではDNAの99・9パーセントもが共通していて、違いはわずか0・1パーセント。赤の他人どころか、「人類みな親戚」を通り越して「人類みな兄弟」です。ロシアのウラジミール・プーチン大統領や北朝鮮の金正恩《キムジョンウン》朝鮮労働党総書記とも兄弟というのは癪《しゃく》にさわるし、気分のよいものではないという人もいるでしょうが、それはそれとして、人間はみんな血のつながった者同士であり、兄弟であるという生物学的事実に目を向ければ、あまり憎しみ合ったり、いがみ合ったりしなくてすむのではないかと思います。

もちろん、「兄弟」でもいけ好《す》かないヤツはいます。頭が固くて、自分のことしか話さなくて、他人の話や意見を聞こうとしなくて、自慢話ばかりしているヤツ、いますね。そういう「兄弟」にいちいち腹を立てたり、喧嘩をしたりするのも時間とエネルギーのムダです。ウィーン生まれの経済人類学者、カール・ポランニー（1886〜1964年）は、「おろかな人には、ただ頭を下げよ」といっています。この名言はぼくの座右の銘です。

もっともぼくは、面倒だから、あまり頭を下げることもしないけれど。

人類の特徴は直立二足歩行

38億年前に誕生した好熱菌から、30万年前に出現したホモ・サピエンスまでの進化の長い道のりを駆け足で辿ってきました。ここからは、大脳の機能に関しては、恐らく進化の頂点に立ったわれわれホモ・サピエンスの、他の生物にはない特性や特徴について考えます。

同じ生物でありながら、人間は他とはまったく異なる特異な存在です。なぜそれほど変わってしまったのか、変わることができたのかについても見ていきましょう。

ホモ・サピエンスの特徴とは何か。大きな脳と言葉を話す能力がすぐに浮かぶかもしれません。しかし、この2つの特徴は、直立二足歩行のあとに獲得したものです。最初に直立二足歩行ありき、ということです。

なぜなら、四つ足のままでは重たい脳は支えられません。直立二足歩行を始めたことで、背骨が垂直方向に脳をしっかりと支えられるようになり、そのことによって、脳は安心してその容量を増大させられるようになりました。そして、その巨大な脳によって話す能力が獲得できたのです。

700万年前にチンパンジーから分かれて出現した最初の人類、サヘラントロプスが二足歩行をしていたことは、頭蓋骨の大後頭孔《だいこうとうこう》の角度からもわかります。大後頭孔とは頭蓋骨の一番下の、脊髄の延長である延髄が頭骨に入る部分の開口部のことで、イヌやネコなどの四つ足動物ではこの大後頭孔が目と水平の位置についていますが、サヘラントロプスでは直角に曲がっています。このことは、サヘラントロプスが、見ている方向に対して垂直に立っていること、直立していることの証となります。

直立二足歩行が可能になってはじめて、背骨で脳をしっかりと支えることができるようになり、脳が発達したわけですが、しかし、直立二足歩行が始まったからといって、すぐに脳の容量が増えたわけではありません。サヘラントロプスの脳の容量は380ccほどで、チンパンジーとほとんど変わりませんし、その後も400万年以上ものあいだ、人類の脳の容量が500ccを超えることはなかったのです。

脳が大きくなったのは240万年ほど前にホモ属が出現してからです。その直前250万年前頃のアウストラロピテクス・ガルヒは肉を食べていたようです。脳が大きくなった大きな要因の一つは、肉食だと考えられています。

現生人類の脳の重さは体重のわずか2パーセントにすぎませんが、これでもチンパンジーに比べれば約3倍です。脳が大きくなるには、脳をつくる材料（多価不飽和脂肪酸）がたくさん含まれている肉を食べることが不可欠だったはずです。

最初は屍肉《しにく》を食べていたのかもしれませんが、脳が大きくなれば狩りがうまくなり、狩りで動物を射止めて肉を食べてさらに脳が大きくなり、ますます狩りがうまくなって、ますます多くの肉を食べられるようになった。この好循環が人類の脳を大きく発達させたものと考えられます。

ちなみに、われわれホモ・サピエンスの脳の容量は平均1380ccほどで、ネアンデルタール人はそれよりも少し重くて、約1450ccです。

ネアンデルタール人のほうがホモ・サピエンスよりも脳が大きいのは、意外な気がしますが、ホモ・サピエンスより、さらに肉食に特化していたからだとの説があります。しかし、ネアンデルタール人の場合、理性を司《つかさど》る前頭葉は余り発達していません。大きくなった場所がホモ・サピエンスとネアンデルタール人とでは異なるのです。ネアンデルタール人が大きな脳で何をしていたのかわかりませんが、理性などとは別の何か大変な能力を身につけていたのかもしれません。

それはともかく、脳が大容量になったのには、肉食以外にももう一つ大きな要因が考えられます。ある特定のＤＮＡの喪失です。

特殊なＤＮＡ配列を失って脳が大きくなった

チンパンジーとヒトのＤＮＡの98・8パーセントは同じで、違いはわずか１・２パーセントだといわれています。たった１・２パーセントで姿形がこれほど異なり、何よりも脳の容量が3倍も違うのです。この差はどこからきているのでしょう。

１・２パーセントの違いの中には、チンパンジーにあってヒトにないＤＮＡの「ノンコーディング塩基配列」が５１０ヵ所ありました。ということは、これらの配列を失ったことで、ヒトはチンパンジーから進化した可能性が考えられます。

私たちの体には約30億塩基対のＤＮＡがあり、そのうち、タンパク質をつくる情報をもっているものだけを遺伝子といいます。遺伝子はDNA全体の2パーセントで、あとの98パーセントが「ノンコーディングDNA」で占められているのです。

その昔、ノンコーディングDNAは、タンパク質をつくることもできない、役立たずの「ジャンクDNA」といわれていました。が、ジャンクどころか、ノンコーディングDNAの少なくとも一部は遺伝子の働きを促したり、抑制したりする重要な役割を果たしていることがわかったのです。

注目すべきは、失った510ヵ所の塩基配列のうちの1つが、腫瘍の増殖や組織の成長を抑えるDNA、「GADD45G」のすぐそばにあったことでした。「GADD45G」のすぐそばにあったということは「GADD45G」の発現を促して腫瘍の増殖や組織の成長を抑制する働きをしていた可能性があります。

このノンコーディングDNAが消失したことにより、発生時において脳の細胞分裂に抑制が利《き》かなくなり、たがが外れたように次から次に脳細胞が分裂していき、その結果、ヒトはチンパンジーの3倍もの大容量の脳をもつようになったのかもしれません。

ヒトの最大の特徴の1つ、大きな脳を、人間は特殊なDNAを失うことで獲得したのかもしれません。

脳が大きくなって悩むことを知る

チンパンジーの3倍もの容量になった人間の脳は、全体が均等に発達したのではなく、おもに脳の前面の前頭葉とよばれる部分が巨大化しました。前頭葉は理性や思考、論理などを司っているとともに自我の中枢で、まさに人間を人間たらしめているのが、この前頭葉といえるでしょう。

1940年代、狂暴な精神病患者に、前頭葉の一部を切除するロボトミー手術が数多くおこなわれました。前頭葉を破壊すると、どれほど狂暴だった患者もおとなしくなりました。ほかに治療法がなかったこともあり、殺人ともいえる手術法は高く評価されて、開発者のポルトガル人医師、アントニオ・エガス・モニスは1949年にノーベル生理学・医学賞を受賞したのです。受賞をきっかけにロボトミー手術はさらに増えたといいます。

しかし、手術をほどこされた患者はおとなしくなったかわりに、感情を失ってただ食べて、寝て、排泄するだけの人間になってしまったのです。ロボトミー手術のこのような悲惨な結果は、前頭葉が人間らしさにとっていかに重要であるかを示しています。

ネコに未来はない、などとよくいわれます。ネコに限らず、人間以外の生物は前頭葉が発達していないため、確固たる自我をもたず未来というものを考えることができません。考えられなければ、それは存在しないのと同じです。過去についても、「記憶」はあるけれど、時間の感覚が希薄なため、いつから自分がこの家に飼われているのかとか、目の前の人の匂いを嗅いだ記憶はあってもそれがいつのことだったかといったことは恐らくわかっていないはずです。

動物にあるのは、「今、ここ」だけです。過去もなければ未来もありません。過去がなければ、過ぎ去った日々をなつかしく思うことも、過去の自分の行動を悔いることもなく、未来がなければ、将来のおカネのことや病気のことや住まいのことなどに思い悩むこともなくてすみます。

何よりうらやましいのは、未来がない動物には、自己の死という概念が存在しないため、死への不安や恐怖と無縁でいられることです。イヌやネコは死の間際になっても、死の影に怯《おび》えるなんてことはまったくなく、「今、ここで、自分は苦しい」という感覚があるだけですから、少しでも苦痛を和らげようと、自分にとって一番ラクなところを選んで、じっとうずくまってやりすごそうとするわけです。

解剖学者の養老孟司《ようろうたけし》さんのところのネコは死ぬ前に、好きだった箱にしきりに入ろうとしたそうです。一番好きな場所が一番ラクな場所だったのでしょう。

脳が大きくなって前頭葉が発達したことで、私たちは自我や理性や合理的な思考、判断力といったすばらしい特性を手にしました。現代人が快適な暮らしを享受できるのも文明のおかげであり、それを可能にしたのもほかでもない前頭葉です。しかし、前頭葉の発達によって同時に、私たちは死の恐怖をはじめ、ほかの動物が感じないですむたくさんの苦しみや悩みを抱え込むことになりました。

40代、50代、60代……と年代が進むにつれて、若い頃とはまた違う悩みや不安も加わることでしょう。それなら、他の動物の「今、ここ」の生き方を少し見習うとよいかもしれません。先のことを考えてもなるようにしかならないし、昔の自分も戻りはしません。「今、ここ」を心がければ、多少とも未来や過去に縛られずに生きられて、今、抱える悩みや不安からも多少は解放されるはずです。

また、ほかの動物たちは前頭葉が発達していないから、国家とか愛国心とかイデオロギーといったものはいっさいもちません。それらは脳がつくりだしたフィクションにすぎません。しかも、そういった理念や概念のために、人間は戦争という名の殺し合いをしてきましたし、今も懲りずにやっています。

生物もエサや縄張りや異性をめぐって残酷な殺し合いをすることもあります。が、少なくとも国家や愛国心やイデオロギーといった概念のために命を張るようなことは間違ってもしません。国家、愛国心、イデオロギーといった概念は実在しません。楽しく生きるには、こういった概念に深く取り込まれないことが大切でしょう。

言葉を獲得する

チンパンジーは言葉がしゃべれないのに、人間は話すことができます。この差は、FOXP2という言語に関与するたった1つの遺伝子の塩基配列の2ヵ所がチンパンジーと人間では異なっているためと考えられます。

哺乳類や鳥類はFOXP2をもっています。鳴鳥《なきどり》でこの遺伝子を破壊すると、上手に歌えなくなるのです。また、ヨーロッパで、うまく話せない人たちの遺伝子を調べたところ、FOXP2が少し変異していることも判明しました。

これらのことからも、FOXP2が言葉を話すのに欠かせない遺伝子であることは明確でしょう。

しかし、FOXP2があるだけでは言葉は話せません。発声のためには唇や舌、舌骨などの器官が働く必要がありますし、何よりも重要なのが、話すために適した喉の構造です。人ではのどぼとけの所にある器官が、喉頭《いんとう》といわれる部分で、そのそばには声帯があります。まず声帯を震わせて音を出しますが、はっきりとした明瞭な言葉を発するためには、咽頭腔にたっぷり空気を入れて、舌と共同して音をつくる声帯を十分に振動させる必要があります。

人間の場合、喉頭が喉の下まで下がっていて、咽頭腔に空気を十分に取り込めますが、チンパンジーでもイヌでも人間以外の動物では喉頭が喉の上のほうについているので、咽頭腔に少量の空気しか取り込めません。そのため、声に微妙で複雑な変化をつけることはできず、つまり、上手に言葉を話すことができないわけです。また、大声も出しづらかったはずです。

では、人類はいつ頃、話す能力を獲得したのでしょう。今から7万5000年ほど前にはすでに言葉を話していたと推測されます。7万5000年前といえば、ネアンデルタール人も私たちホモ・サピエンスもすでに出現していました。ネアンデルタール人はFOXP2が現代人と同じで、舌骨の形や大きさもわれわれと同じなので、おそらくしゃべることはできたはずです。

ただし、喉頭の位置が高いので、微妙な音をつくりだすことはできなかったはずで、したがって、明瞭な言葉を発することは不可能だったと考えられます。明瞭な言葉を発せられなかったこと、そして、大声を出せなかったことが、ネアンデルタール人がホモ・サピエンスよりも早く滅びてしまった要因の1つだと考えられています。

ネアンデルタール人の滅亡は言語能力の未発達が原因

ネアンデルタール人が絶滅したのは、ホモ・サピエンスと戦って負けたという説もありますが、ぼくはそうではなくてヨーロッパという寒冷地にいたこととともに、言語能力が未発達だったためにうまく狩りができずに食料不足によって滅亡したと考えています。

30万年ほど前に出現した私たちホモ・サピエンスは、50人くらいの群れで暮らしていました。彼らが狩りをするときには、役割分担をきちんと決めて、緻密な作戦を立てていたはずです。集団でただワーワーいって追いかけたところで、非力なホモ・サピエンスに獲物を仕留めることはできなかったでしょう。

そして、役割分担を決め、作戦を立てるときに大きな力を発揮したのが言葉だったはずです。Aというホモ・サピエンスが獲物を追い立て、Bが上から石を投げて、Cがどこそこの谷の狭い道に追い込んで、Dがどこそこで待ち伏せる。言葉が話せなければ、このような複雑な作戦を立てて、各人にそれぞれの役割を振り分け、さらに、これらを正確に実行に移すことは不可能でしょう。ホモ・サピエンスは言葉を使うことによって50人くらいの集団をまとめあげることができたわけです。

ホモ・サピエンスは速く走る能力も、腕力も、牙さえももっていません。動物の中でもきわめて非力な存在にもかかわらず、30万年間も生き延びて、しかも、生態系の中で食物連鎖の頂点に君臨し続けています。このことは、大きな脳と前頭葉を得たことで論理的・合理的な思考や判断が可能になり、さらに、言語を編み出したことでコミュニケーション能力が格段に高まったことの賜物《たまもの》にほかなりません。

いっぽう、不明瞭な言葉しか話せなかったネアンデルタール人は、緻密で複雑な作戦を立てることや、その作戦を遂行することがむずかしかったはずで、ホモ・サピエンスに比べて狩りの技術と能力は劣っていたにちがいありません。氷河期のヨーロッパという寒冷地にいたという悪条件に加えて、狩りがホモ・サピエンスより下手だったことが重なってネアンデルタール人は滅亡したのだと思います。

地球寒冷化のほうが怖い！

熱水噴出孔ではじめての生物、好熱菌が生まれたのが約38億年前。700万年ほど前に人類が誕生するまでの長い道のりは決して平坦なものではなく、地殻変動や火山の大噴火や隕石の衝突、気候変動などによる大量絶滅は、先カンブリア時代の末期に起こったものを含め、6回に及びます。すなわち先カンブリア時代、オルドビス紀、デボン紀、ペルム紀、三畳紀、白亜紀のそれぞれ末期です。

2億5000万年前のペルム紀（石炭紀のあとの時代）の終わりの大量絶滅は、全生物の実に95パーセントが絶滅するという史上最大のものでした。海産生物にいたっては98パーセントが絶滅し、古生代を通して生き延びた三葉虫も絶滅したのです。

もっとも新しい大量絶滅は約6600万年前。ユカタン半島に直径10〜15キロメートルもの巨大な隕石がぶつかって火災が起きただけでなく、激突時の衝撃により高さ1000メートルを超える巨大津波が発生して沿岸部を飲み込んだのです。約70パーセントもの生物が絶滅し、その中には恐竜やアンモナイトも含まれています。

6回の大絶滅のたびに、絶滅を免がれた生物たちがふたたび命をつないでいき、今また地球上には多くの種が栄えています。今現在、こうして生きている私たちはすべて、6回もの大量絶滅をなんとか生き延びて進化してきた、生命力にあふれた生物たちの子孫なのです。

今、さかんに地球温暖化対策やCO2削減が叫ばれています。しかし、38億年にもおよぶ地球の生物の壮大な歴史をふりかえるとき、これらの主張に疑問をもたざるをえません。生物が繁栄したのは温暖化の時代で、寒冷化の時代は生物にとって厳しい時代だったのです。人類の生存に関しても私が心配しているのは、地球温暖化よりもむしろ地球の寒冷化なのです。

地球温暖化によって人が大量に死んだためしはなく、地球寒冷化によって多くの人々が命を奪われているのです。ネアンデルタール人が絶滅した原因は、ホモ・サピエンスと戦って敗れたのではなく、ウルム氷期にヨーロッパという寒冷地で寒さと飢えによって滅亡したのが一番の原因だと考えられます。

ネアンデルタール人まで遡《さかのぼ》らなくても、江戸時代の四大飢饉の寛永の飢饉（1642～1643年）、享保の飢饉（1732年）、天明の飢饉（1782～1787年）、そして、天保の飢饉（1833～1839年）はいずれも寒冷化の時期に起こり、冷害と凶作によって何十万人もの人々が餓死しました。

最近でも、1993年の「平成の米騒動」を覚えている方も多いことでしょう。この年は1913年以来の80年ぶりの大冷夏となって深刻な米不足に陥り、翌年にはついに戦後初めてタイや中国から米を緊急輸入することになりました。寒冷化は農作物に大打撃を与え、食糧不足を引き起こしかねません。その意味で、寒冷化のほうが温暖化よりもはるかに危険なのです。

この寒冷化の最大の原因となるのが火山の大噴火です。火山の大噴火により発生する高濃度の亜硫酸ガス（二酸化硫黄）が、エアロゾルという小さな粒子となって空気中を漂って太陽光を遮《さえぎ》ります。そのため、気温が急激に下がるのです。

ネアンデルタール人を絶滅させたウルム氷期も、約7万3000年前に起きたトバ火山の巨大噴火が原因といわれています。インドネシアのスマトラ島北部にあるトバ火山の巨大噴火は、過去200万年で最大規模といわれ、このときの噴火によって長さ100キロメートル、最大幅30キロメートルにもおよぶ世界最大のカルデラ湖、トバ湖が生まれました。

この巨大噴火で、地球は一気に冷えます。平均気温が5度も下がり、人類は存亡の危機に立たされたのです。さらに、いったん寒冷化が始まると、気温低下が加速度的に進む「ポジティブ・フィードバック」という現象によって、その後も気温が下がり続けたのです。

この寒冷期は数百年から、学者によっては6000年続いたとしています。ウルム氷期が始まったのは7万年前です。もしトバ火山の巨大噴火による寒冷化が3000年以上続いたとしたら、7万年前のウルム氷期の入口の時期と重なり、このことは、ウルム氷期がトバ火山の巨大噴火がきっかけとなって引き起こされた可能性を示唆しています。

江戸時代の飢饉についても、3つの火山噴火が関係しています。寛永の飢饉の2年ほど前には蝦夷駒ヶ岳《えぞこまがたけ》が噴火し、また、1783年に発生した2つの火山の大噴火は天明の飢饉の原因となったと考えられています。まず6月8日にアイスランドのラキ火山の大噴火が起きて、その2ヵ月足らず後の8月5日には浅間山で大規模な噴火が発生したのです。

さらに、1993年の「平成の米騒動」を引き起こした異常な冷夏は、その2年前の1991年のフィリピンのピナツボ火山の噴火が原因でした。標高1745メートルあったピナツボ火山が噴火後には1486メートルになり、実に259メートル分の山が吹き飛ぶほどの激しい大規模噴火で、亜硫酸ガスのエアロゾル粒子が成層圏に留まり続けて、遠く離れた日本でも異常な気温低下の引き金となったのです。

世界には約1500の活火山があるといわれています。そのうちの1つでもひとたび巨大噴火を起こせば、温暖化はストップして一時的には寒冷化が進むでしょう。ところが、世界中の温暖化の議論は、火山の大規模噴火は起きないという前提でなされています。CO2がある程度、温暖化につながることは間違いありません。けれど、気候変動の要因はCO2だけではなく、ほかにもさまざまなことがあって、その中でも最大級のファクターの1つが大規模な火山噴火なのです。

そうであるならば、これから先の100年間に大規模な火山噴火の起きる確率も計算に入れるべきでしょう。そして、火山噴火によって気温がこれくらい下がって、いっぽうCO2はこれくらい増加するので、何年後には気温が何度上がる……といった計算やシミュレーションをしたうえでなければ、現行のシミュレーションによる予測は外れ続けるでしょう。

地球温暖化のウソ

CO2の排出による地球温暖化（これを人為的地球温暖化といいます）が急速に進み、それによって人類がかつて経験したことのないような激しい豪雨や大型台風、大洪水など異常気象が次々に起きていて、このままではわれわれ子孫の生存さえ危うい、といったストーリーがまるで「真実」であるかのように喧伝《けんでん》され続けています。日本でも大多数の人たちがこの物語を信じているはずです。

けれど、地球温暖化と、いわゆる異常気象との関連を示すエビデンスは何1つありません。そもそも地球が温暖化しているという話からしてあやしいのです。たとえば、地球温暖化の決定的証拠とされたのが、2001年に発表された「ホッケースティック曲線」とよばれる気温の変動グラフでした。アメリカの気象学者、マイケル・マンにより作成されたこのグラフでは、20世紀後半から気温が急上昇していることが明確に見てとれます。

ところが、のちにホッケースティックの数々の捏造《ねつぞう》が明らかになり、海外では、ウォーターゲート事件をもじった「クライメート（気候）ゲート事件」は大スキャンダルとなりました。

また、イギリスの気象庁とイースト・アングリア大学ＣＲＵ（気候研究ユニット）が２０１２年に発表した論文によって、21世紀に入ってからは地球の気温は平均で０・07度ほど下がっていることがデータで示されているのです。実際、シロクマは絶滅するどころか、ここ10年間で30パーセントも増えているという報告もあります。

とはいえ、東京や大阪、福岡、名古屋などの大都市での気温の上昇が著しいことは確かです。私が子どもの頃の東京は、冬の寒さは今よりもずっと厳しく、夏も涼しくて30度に達すると「うだるような暑さ」などと新聞などに書かれていたものです。

都会ではほとんどの地面がアスファルトで覆い尽くされていますし、また、大量のエアコンの室外機からは熱風が吐き出されています。大都市ではそれらが原因となって温暖化が進んでいることは間違いありません。そして、日本の全人口の半分が都会に住んでいて、その人たちが、地球規模で人為的な温暖化が進んでいると実感して危機感を覚えるのは自然なことかもしれません。

しかし、この温暖化の現象は大都市でのヒートアイランド現象、すなわちローカルウォーミング（地域温暖化）にすぎません。同じ東京都でも三宅島や八丈島はここ１００年間、平均気温は変わっていないのです。離島に住んでいる人たちは地球温暖化などいっさい感じていないでしょう。

地球温暖化を止めろ、CO2を削減しろといったことは、今や世界中で信じられている「善」であり、「正義」ですらあり、それらに異を唱えられない雰囲気が世界を覆っています。しかし、もし38億年にもおよぶ生物の歴史を紐解《ひも》けば、たとえば、ネアンデルタール人の絶滅に思いをはせるだけでも、「温暖化よりも寒冷化のほうが怖いかもしれない」と考える糸口となるでしょう。

生物の進化という壮大なる歴史にも目を向けることが、世界中で叫ばれている「善」や「正義」についてより深く考えるきっかけとなり、そして、そのことはときに、世の大勢に安易に流されない生き方ともつながります。

そして、世の大勢に安易に流されないことは、自分なりの規範を掲げて生きるということの基本であり、そのためにも、ときには地球誕生や生物の進化という壮大な視点に立って物事を考えるようにしたいものです。

ところで、約38億年前に地球上に生命が誕生して以来、生物は6回もの大絶滅を経験してきましたが、大絶滅のあとにはかならず大きな進化が起きています。逆にいえば、大絶滅がなければ大きな進化は遂げられなくて、われわれ人類も出現していなかったかもしれません。それを考えるとき、大絶滅さえも悪者と決めつけられなくなります。生物の長い進化の歴史は視点を変えることによって、「悪玉」が「善玉」に見えてくる可能性も教えてくれています。

多細胞生物だけがもつ高度で複雑なシステム

単細胞生物から多細胞生物への進化を果たしたのが、今から6億年ほど前のことでした。多細胞生物の誕生とその進化は生物にとって大きな意味をもつ「出来事」でした。両性生殖が一般的になった以外にも細胞の役割分担とアポトーシス（プログラムされた細胞死）の2つを実現した点で、生物にとってはエポックメーキングな出来事でした。

たとえば、人間という多細胞生物は約37兆個もの細胞から成り立っています。私たちの37兆個の細胞はそれぞれが役割を分担して働いています。

肝臓では肝臓のスペシャリストの細胞が、脳では脳のスペシャリストの細胞が働き、他にもさまざまなスペシャリストたちが自らの役目を果たしながら、全身のあらゆる器官や組織を動かしているのです。すべての細胞は原則的に同一の遺伝子を有していますが、働いている遺伝子が組織ごとに異なっているのです。

よくもまあ、これほど複雑で怪奇なことをやってのけるものだと、考えただけでも感心するばかりです。37兆個もの細胞からなるシステムが破綻することなく日々、休みなく働き続けているのですから、人間の体はホントによくできています。

さらに驚かされるのは、その「形」です。

内臓はそれぞれに形が違いますし、そもそも動物たちはみんな個性的な、見方によっては奇妙奇天烈な外見をしています。このような「形」をつくりだしているのが、アポトーシスです。

すでに述べたように、アポトーシスとはプログラムされた細胞死のことで、修復できなかった細胞や、自分の体を攻撃する免疫細胞を殺処分することで私たちの健康を守っています。が、それだけでなく、「形づくり」の主役を演じているのです。

わかりやすい例が指でしょう。手の指にしろ、足の指にしろ、手のひらや足のうらから生えてくるわけではありません。指と指の間の「水かき」にあたる部分の細胞がアポトーシスによって消えてなくなることで形成されるのです。

臓器や器官も同様に、アポトーシスが、見えない鑿《のみ》のような働きをすることでそれぞれ特定の形がつくりだされるのです。

アポトーシスはまた脳の「シナプスの刈り込み」も担っています。人間の脳全体の神経細胞数は出生時に最大で約1000億個におよびますが、近隣の細胞とシナプス（神経細胞同士をつなぐ線状の構造）を形成できないと生き残れず、どんどん死んでいきます。最終的に大人の大脳の神経細胞数は160億個です。シナプスに話を戻すと、最初シナプス数はどんどん増えますが、生後8ヵ月を境に今度は不用なシナプスは刈り込まれていきます。とりあえずシナプスを過剰につくってから、アポトーシスによって神経細胞のつなぎ目であるシナプスを適度な数にまで刈り込むことで機能的になります。

アスペルガー症候群や注意欠陥多動性障害（ADHD）といった発達障害の原因は、シナプスの刈り込みが不完全なせいではないかともいわれています。一方、シナプスを過剰に刈り込むと統合失調症になりやすいといわれています。

このように多細胞生物に進化することによって、細胞の明確な役割分担による高度で複雑なシステムが生みだされ、複雑な形をつくりだすことを可能にしたのです。

進化論とは何か

さて、ここからはダーウィンの進化論を中心に、進化とは何か、生物はなぜ、どのように進化してきたのかについて考察したいと思います。

「進化」という言葉は今や日常語としてすっかり定着した感がありますが、そのほとんどが「進歩」の意味で使われています。「進化した車」から始まって、「進化した美容液」なんて言葉も聞こえてきます。けれど、進化は進歩とはまったく意味が異なります。

進化とは、ひとことでいえば「生物が世代を継続して変化していくこと」です。ということは、もしひとつの個体が何かの機能や新しい能力を獲得したとしても、その性質が子や孫、ひ孫へと未来世代までずっと伝わっていかなければ、進化とはいえません。ジャケットの着心地がよくなったのは生地の製造法が進歩したおかげかもしれませんが、進化したわけではなく、そもそも物質は進化しません。

不正確な使い方をされているとはいえ、今では、生物が進化すること、人間がチンパンジーから分かれて進化したことなどは小学生でも知っているでしょう。が、人類は長いあいだ、進化という概念をもっていませんでした。進化という考え方が生まれたのは、18世紀の後半、フランス革命で社会が騒然としていた頃のことです。

進化は、地球上にはなぜこれほど多くの生物がいるのか、つまり、生物の多様性について説明するひとつの理論として生みだされました。

それまでは、神様がすべておつくりになったと信じられていて、神様のおつくりになったあらゆる生物は、たとえば人間は人間、イヌはイヌ、トリはトリというようにずっと同じであり続けると考えられていました。

無理もない話です。私たちはせいぜい生きても100年。たった100年のあいだに進化などという現象はまず起こりえませんから、生物の種は永遠に同じ種のままと考えるほうが自然なことでしょう。

ところが、この考えを揺るがした「事件」が起きました。18世紀の終わり、フランス革命の頃に、パリのモンマルトルの地下採石場から動物の化石が大量に出てきたのです。比較解剖学者で、古生物学者のジョルジュ・キュヴィエ（1769〜1832年）がそれらの化石を復元すると、現存しない古代の生物が姿を現したのです。それらの動物は現在のものとはあまりにかけ離れていました。

神様がおつくりになった生物の種は永遠に変わらないという考えとは、矛盾するではありませんか。そこでキュヴィエは考えました。ノアの箱舟のような天変地異が起きて地球上の生物が全滅してしまい、そのあと、神様がまた新たに生物をおつくりになったのだ、と。

この説に納得しなかったのが、博物学者のジャン＝バティスト・ラマルク（1744〜1829年）でした。18世紀末から19世紀初頭にかけて活躍したこの博物学者は、「微生物はつねに自然発生していて、その自然発生した下等な生物が直線的に高等生物になっていく」と考えました。下等な生物とはゾウリムシやアメーバなどのこと。この説に従えば、人間のような高等な生物は大昔に発生して、徐々に高等なものへと変化していったことになり、いっぽう、ゾウリムシなどは発生して日が浅いということになります。

ラマルクはまた、必要に迫られてよく使う器官は発達し、そうでない器官は退化していくという「用不用説」を唱え、用不用に則《のっと》って獲得した形質は遺伝するという「獲得形質の遺伝」を提唱したのです。

今日ではラマルクの説の多くは否定されていますが、生物の多様性を、世代を継続する変化で説明しようとした点では彼は世界初の進化論者といえるでしょう。

ダーウィンの登場

チャールズ・ダーウィン（1809―1882年）。イギリスの自然科学者。

人類史上もっとも有名な進化論者といえば、チャールズ・ダーウィンです。ダーウィンは１８０９年、イングランド西部のシュルーズベリーの裕福な医師の家庭に生まれました。ケンブリッジ大学を卒業後、22歳のときに、父親の反対を押し切って軍艦ビーグル号に乗船し、世界各地を巡ります。南米大陸やガラパゴス諸島などで多種多様な生物と出会い、観察したことが、のちに提唱する進化論を考えるきっかけとなります。

ダーウィンはラマルクの「獲得形質の遺伝」は信じていましたが、「徐々に高等生物になっていく」という説は断じて認めませんでした。

かわりにダーウィンは、生物の変異が偶然に起きると考えたのです。偶然起きた変異がたまたま環境に適応していれば、その生物は繁栄し、そうでないものは消滅していくというのです。これが「自然選択説」であり、1859年に発表された『種の起源』の中核を成す理論です。

生物はいろいろな変異をつねにくりかえし、その変異の中で、ある環境に適した形質だけが生き延び、そうでないものは淘汰され、このくりかえしによって生物は徐々に進化していくという主張です。

もともと同じ種であったとしても、生活環境の異なる場所で別々に暮らしているうちに、何世代にもわたる変異が蓄積されていき、その結果、別の種へと変化して、生物の多様性が生じるというわけです。

ファーブルが噛みついた！

ダーウィンの進化論では、生物は、適応的な変異が自然選択により生き残って、徐々に変化することになります。この「徐々に変化する」という点に異を唱えたのが、『昆虫

ジャン＝アンリ・ファーブル（1823—1915年）。フランスの博物学者。昆虫の行動研究の先駆者。

記』の著者として名高い博物学者、ジャン＝アンリ・ファーブルです。

　昆虫の生態を記録し続けたファーブルの勤勉さには感心させられますし、同時に、ファーブルが、当時もっとも注目されていた最先端理論、進化論に対して果敢に戦いを挑んだことは特筆すべきことです。

　ファーブルはカリバチというハチの生態を観察するにつけ、「徐々に変化する」などということはありえないと考えたのです。カリバチは獲物の体に驚くべき正確さで毒針を差し込みます。1ミリずれれば毒針は硬い殻に阻まれて突き刺さらず、場合によっては獲物に殺されてしまうでしょう。最初から完璧に刺せなければ種として生き残れないわけで、カリバチのこのような行動は生まれもった本能だとファーブルは考えました。

ところが、ダーウィンの進化論では、本能の獲得も偶然で、たまたま狩りの上手な形質を手に入れたカリバチが環境により適しているため、徐々に広まっていったことになります。しかし、狩りが下手なカリバチは自然界ではすぐに抹殺されてしまいます。自然選択によって徐々に上手になるという悠長なことでは、進化する前にカリバチは絶滅していたでしょう。

ダーウィンとファーブルとはおたがいに交流もありました。少なくともダーウィンはファーブルの昆虫を見る目と観察力を深く尊敬していたようです。しかし、進化論に関してはファーブルに譲ることはなく、しかし、反論もしませんでした。おそらく反論できなかったのでしょう。

メンデルの法則

ダーウィンの『種の起源』は自然選択についてくりかえし、くりかえし書かれていますが、なぜ生物が変異するかについてはひとこともふれられていません。わからなかったからです。ダーウィンは結局、なぜ変異するのかわからないうちに亡くなりました。

生物がなぜ変異するのか――。それを解き明かしたのが、ダーウィンと同世代のオーストリア帝国・ブリュンの司祭、グレゴール・ヨハン・メンデルでした。彼は修道院の庭で

グレゴール・ヨハン・メンデル（1822—1884年）。オーストリア帝国・ブリュンの司祭。遺伝学の祖。

いろいろな形質をもつエンドウマメの交雑実験をおこない、それらの実験結果から「何らかの実体（エレメント）が形質を決定し、この実体は遺伝する」という結論にいたりました。

メンデルのいう実体、エレメントとは今日でいうところの遺伝子のことです。つまり、遺伝子というものがあって、遺伝子が変わると生物の形が変異する。メンデルはそう考えたのです。彼は今日の遺伝学の基礎をつくった、遺伝学界最大の立役者です。

しかし、当時はまったく評価されず、メンデルは無名のまま亡くなります。実験の成果を「植物雑種に関する研究」という論文にまとめましたが、地方の同好会のような雑誌に掲載されたため、ほとんど人目にふれることはなく、また、彼はダーウィンにも論文を送ったようですが、田舎のアマチュア生物学者の書いた論文などダーウィンはおそらく読まなかったのでしょう。

こうしてほとんど注目を浴びることなく35年ものあいだ、埋もれていたメンデルの論文が1900年、突如として脚光を浴び、メンデルの法則は科学史の表舞台へと躍り出ます。ドイツの遺伝学者カール・エーリヒ・コレンス（1864～1933年）、オランダの植物学者・遺伝学者のユーゴー・ド・フリース（1848～1935年）、オーストリアの農学者エーリヒ・フォン・チェルマク（1871～1962年）の3人の科学者が同じ時期にメンデルの論文を再発見したと主張したのです。

メンデルの論文の再発見もあり、20世紀の初頭にはダーウィンの進化論は一時期、凋《ちょう》落《らく》の一途をたどることになります。ダーウィンの自然選択説では生物は徐々に進化していくことになりますが、メンデルの遺伝学では、「何らかのエレメント（遺伝子）によって変異が起きて、生物の形は突然変化する」のです。

たとえば、背が高いという形質を発現させる遺伝子が、背が低いという遺伝子に変われば、突然、背の低い生物が生まれることになります。つまり、遺伝子の変化によって生物の形質が変わるのなら、進化に自然選択など必要ないわけです。

ところが、メンデルの説にも問題がありました。1930年代から40年代にかけての遺伝学の発達により、ほとんどの突然変異は、微細な変化しかもたらさないことがわかったのです。このような小さな変異だけでは、生物が別の種に進化するのはむずかしいでしょう。

ダーウィニズム（ダーウィン主義）とメンデルの法則は長年反目しあっていましたが、最終的には「遺伝子が変わることで小さな変異が起き、それが何世代にもわたって積み重なることにより、生物は徐々に進化してきた」ということで折り合いました。ダーウィンの自然選択説とメンデル遺伝学が融合し、ここにネオダーウィニズムが生まれたのです。

ところで、前述のように、ダーウィンは「獲得形質は遺伝する」というラマルクの説を信じていましたが、ネオダーウィニズムではこれを否定しています。遺伝するのは卵子や精子の生殖細胞に起きる変異だけです。人が死ねば体細胞も死にますので、体細胞に起きた変化が遺伝することはないわけです。

一生懸命に筋トレをしてムキムキになっても、その形質は一代限りで終わります。筋トレで発達させた筋肉は筋細胞という体細胞での変化であり、生殖細胞の変化ではないのですから、子どもに遺伝することはありません。

ところが、最近では、エピジェネティクスといって、後天的に得た形質が遺伝に影響を与えることもわかってきました。ここで少しのあいだ、エピジェネティクスについてふれておきましょう。

エピジェネティクスとは

私たちの能力や特性などは遺伝と環境がかかわっていますが、遺伝子レベルでもこの両者が関係しています。すべてが遺伝子自体で決まるのではなく、後天的な要素によっても遺伝子の働き方が変わってくるのです。

私たちは両親からDNAを受け継ぎます。どのようなDNAを受け継いだかは先天的に決まるわけですが、それらのDNAがいつ、どこで発現するかは後天的に決まり、それによって形質の現れ方が異なってくるのです。

これがエピジェネティクスといわれる現象で、いいかえれば、遺伝子の発現をコントロールするシステムがエピジェネティクスなのです。

遺伝子の発現のパターンを左右しているものの1つが、第1章でもふれた「DNAのメチル化」です。遺伝子を構成している塩基のうち、上流からシトシン-グアニンと並んでいるシトシンにメチル基が付着するのがメチル化で、メチル化が起きるとその遺伝子は発現を抑えられてしまいます。メチル化以外にも、ヒストンとよばれる物質が巻きつくことによって、遺伝子の発現を抑えることもあります。

DNAにメチル化などが起きる度合いは後天的に決まり、食生活やその他の生活環境によっても影響されます。たとえば、親から太りやすい遺伝子を受け継いだとしても、何らかの環境によってメチル化が起きて、その遺伝子の発現が抑制されることも考えられます。

しかも、一度、遺伝子にメチル化が起きると、少なくとも何代かにわたってメチル化が遺伝することもあることがわかっています。ラマルクの唱えた「獲得形質は遺伝する」という説は、今では当たり前のこととして受け入れられています。

木村の遺伝的浮動

メンデルの遺伝学を融合して新たにつくりだされたネオダーウィニズムが、ふたたび論争の的となったのは、日本人の遺伝学者、木村資生《きむらもとお》（1924〜1994年）が1968年に発表した「分子進化の中立説」がきっかけでした。木村は、自然選択や適応性とは関係なく、変異が単なる偶然によって集団中に拡がっていく（これを遺伝的浮動と呼びます）ことがあるとして、分子進化の中立説を唱えました。

たとえば、ネイティブアメリカンの人たちの血液型はほとんどがO型です。彼らはおそらく1万年ほど前にアリューシャン列島から海を渡ってアメリカ大陸に到着したと思われます。100人程度のさほど大きくはない集団が大陸をめざす途中で、寒さや飢えなどで何人かの人たちが命を落としたはずです。

そして、そのとき、A型とB型の遺伝子をもつ人たちがたまたま全滅すれば、大陸にたどりつくのはO型の人たちのみです。その人たちがアメリカ大陸に根を下ろせば、血液型がO型の人で大半が占められることになります。

このように、ある集団でたまたま特定の遺伝子が消滅したり、あるいは生き延びたりする偶然はありうるわけです。つまり、生物の進化は自然選択の適応性でのみ起きるのではなく、こうした偶然によっても起こりうるのです。

この遺伝的浮動による進化は、進化学者のあいだで大論争を巻き起こしました。木村の中立説はある意味、ダーウィンの自然選択説への挑戦でもあったからです。

しかし、ネオダーウィニズムの信奉者はかなりしたたかです。ダーウィンの進化論にメンデルの遺伝学を融合し、さらに今度は、木村の中立説を認めてそれも取り込みました。最新のネオダーウィニズムは「突然変異＋自然選択＋遺伝的浮動」の3要素で構築されているのです。

「遺伝子が変わることで小さな変異が起き、それが何世代にもわたって自然選択と、ときには偶然によって生物は進化してきた」というのが、現在のネオダーウィニズムの理論

化学擬態が得意なキマダラルリツバメ。

となります。

ネオダーウィニズムの矛盾

ダーウィニズムの「徐々に変化する」に対する反論は、さきほどのファーブルのものだけではありません。現在もいくつもなされています。

たとえば、シジミチョウの中にはアリの巣に入り込んで寄生する種がいます。クロオオアリに育てられるクロシジミ、ハリブトシリアゲアリの巣で育てられるキマダラルリツバメなどです。これらのシジミチョウの得意技は化学擬態です。アリのフェロモンをつくりだして化学擬態して、アリの巣の中でのうのうと生きています。完璧に擬態しなければアリにバレて、すぐに殺されてしまうでしょう。

かつてのシジミチョウは化学擬態が下手だったけれど、世代が進むにつれて徐々に上手になっていきました、ということはありえません。化学擬態が不完全な状態でアリの巣に入っていけば、次々に殺されるだけで、これらのシジミチョウはその時点で絶滅するでしょう。

他にもうまく説明できないことが、ネオダーウィニズムにはたくさんあります。別の場所に離れて棲んでいれば、同じ種であってもそれぞれ異なる進化を遂げて、たがいに別の種になるというのが、自然選択に基づいたネオダーウィニズムの一般的な説明です。ところが、ヒラタクワガタという昆虫は、東南アジアに広く分布しますが、たとえば日本とスマトラという環境のまったく異なる場所に500万年も前から異所的に分布していて、まったく交配しなかったにもかかわらず、今でも同じ種のままです。

飼育下ではたがいに交配も可能ですし、生まれてきた子どもにも生殖能力があり子孫を残すこともできます。生まれてきた子どもに生殖能力があることは、同じ種であることの証です。

500万年も遺伝的隔離が続いても、ほかの種に進化できていないというこの現象は、ネオダーウィニズムの主張ではどうにも説明できません。

また、ショウジョウバエのようなモデル生物（研究によく用いられる生物）で遺伝子組み換えの実験がおこなわれていますが、一度として別の種のハエになったためしがありません。奇形のショウジョウバエは生まれるけれど、種を超えた別のハエは生まれてこないのです。

このことからも、「偶然起きる遺伝子の突然変異が、自然選択と偶然（遺伝的浮動）によって集団の中に浸透することで生物は進化する」というネオダーウィニズムの主張は、現象整合的でないといわざるをえません。

こうしてみてくると、突然変異と自然選択だけでは種を超えた進化は起きないと考えるのが妥当でしょう。突然変異と自然選択だけで、チンパンジーが人間へ進化することは不可能だったはずなのです。

ネオダーウィニズムはたしかに、種の中での小さな進化を説明するにはすぐれた理論といえるでしょう。しかし、種を超えるようなダイナミックで大きな進化のしくみを解明する理論としては欠格なのです。大きな進化のしくみを解明できない限り、生物の多様性を説明することはできません。

クジラの一番の近縁はカバ

チンパンジーと人間のＤＮＡの98・８パーセントは同じで、わずか１・２パーセントしか違わないと先に述べました。ＤＮＡが98パーセント以上も共通しているのに、チンパンジーと人間では、体つきも能力も得意分野もまるで異なっていることは、とりもなおさず、種を超える大きな差異を生み出しているのがDNAだけではないことの証ともいえるでしょう。

つまり、DNAはただの道具にすぎず、人間がチンパンジーから進化したときには、その道具をコントロールしているシステム自体が変わったのだと思います。

DNAを動かしている大元であるシステムが変わった例としては、クジラが挙げられるでしょう。

クジラの一番近縁の動物は何だと思いますか？　カバです。似ても似つかぬ姿形をしていますが、DNA解析の結果、クジラはカバやウシやブタ、シカ、キリンなどの偶蹄類《ぐうているい》（指の数が偶数の動物）の仲間で、中でもカバともっとも近縁だったのです。

海で暮らし始めるよりも前、約5000万年前の2種類のクジラの化石がパキスタンから出土しています。1つはキツネほど、あとの1つはオオカミほどの大きさで、どちらにも立派な足が4本ついていて、四つ足で歩いていたことがわかります。

ところが、DNA自体はさほど変わらなかったけれど、何かの拍子でシステムが変わって足が極端に短くなってしまったのでしょう。足が短ければ、地上では捕食者から逃げるのが困難になります。仕方ないからクジラは海に逃げ込んで、浅瀬あたりでバタバタしているうちに、またシステムが変わって足が完全になくなってしまい、そこで、よりよい環境を求めて自分から沖に出ることにしたのだと思います。

クジラのDNAがカバともっとも似ているにもかかわらず、外見も生態もこれだけ違うのです。ネオダーウィニズムの主張するように、自然選択的な積み重ねによって徐々に進化を遂げたというよりも、むしろ形態形成システムに大きな変化が起きたと考える方が合理的です。ネオダーウィニズムでは生物の多様性を説明するのには限界があることは明らかです。

生物の多様性という謎を解き明かすためには、ネオダーウィニズムとは異なる新しい考え方が必要となり、それが構造主義進化論だと思っています。

構造主義進化論とは

ショウジョウバエでいくら遺伝子操作をしても、別の種のハエに進化したためしがないように、たんなる遺伝子の変異だけでは種を超える大進化は起こりません。つまり、大きな進化を可能にしている原動力は、遺伝子ではないということです。

では、その原動力とは何なのでしょう。「システム」です。遺伝子をコントロールし、動かしている「システム」なのです。遺伝子はただの物質にすぎず、システムの存在があってはじめて動く「道具」にすぎません。

たとえば、私たちの体はいろいろな細胞からできています。肝臓の細胞の中で働いている遺伝子は、肝臓に必要なタンパク質をつくり、それ以外の働きのある遺伝子は休止しています。皮膚でも同様で、皮膚にとって必要なタンパク質をつくる遺伝子だけが機能し、あとの遺伝子はやはり休んでいます。各臓器や筋肉や関節や骨など、体内のあらゆる器官や組織で遺伝子は同様の働き方をしているのです。

このような複雑な働きは遺伝子だけでは制御できません。どこかに存在するコントロールシステムがそれぞれの遺伝子にどこの場所で、どのタイミングで発現するか、発現をストップするかなどを指令しているはずなのです。

カエルを使った次のような実験があります。

Aというカエルの卵細胞から核を取り出して、卵細胞を抜き取っておいたBのカエルにそのAの卵細胞の核を入れると、Bのカエルが生まれました。

細胞の核には遺伝子が収められていますので、この実験だけを見ると、遺伝子が形質発現を決定していると思うかもしれません。この実験のミソはAとBが同じ種だというところにあります。同じ種であるカエル同士であれば、発生の根本システムが同じですから、システムによる遺伝子の操作法も同じです。

したがって、システムが基本的に変わらなければ、核の中の遺伝子が変異することで、形態発現が変わることもあるでしょう。ただし、それはあくまでも種のレベルでの小さな進化にすぎません。

それが証拠に、同じ両生類でもサンショウウオの卵細胞の核を取り出して代わりにカエルの卵細胞の核を入れたとしても、サンショウウオがカエルになることはありませんし、それ以前に死んでしまいます。サンショウウオとカエルという違う種ではシステムが根本的に異なるため、サンショウウオのシステムの中ではカエルの遺伝子はうまく発現しないのです。つまり、遺伝子の変異だけでは、サンショウウオからカエルという種を超えた進化はありえないということです。

もしある生物が種を超えた大進化をするためには、システムそのものが変化することと、そして、システムの変化によってもその生物が生き延びることが必要です。その2つがそろったとき、たとえば両生類から爬虫類への大進化が可能となります。

進化はシステムの変更がメインであって、DNAの変更はそれに付随して起きるのだと思います。

以上のように、進化を個々の遺伝子としてではなく、その後ろで働いているシステムそのものの変化としてとらえる理論を、私は構造主義進化論と呼んでいます。構造主義とは、哲学や言語学、数学、社会学などさまざまな科学における考え方の1つで、一言でいうと、「表面に現れているあらゆる現象の背景にはかならず何らかの深層的な構造が存在する」というものです。進化における「深層的な構造」こそが、システムというわけです。

自分が正しいと思うことをする。40代からの生き方の基本

ぼくが「生物科学」という当時岩波書店から出ていたジャーナルに「構造主義進化論」的な論文を最初に発表したのは、1985年です。当時はまだ構造主義進化論というコトバはありませんでした。この論文を皮切りにネオダーウィニズムを攻撃する論考を次々と発表しましたが、進化論の学界はネオダーウィニズムの牙城でしたから、ぼくの構造主義進化論に対して何人もの人が噛みついてきました。が、あるときからパタッとやんでしまったのです。ネオダーウィニズムの主張に多くの矛盾点が出てきたので、口をつぐんで無視するしかなかったのでしょう。

主流となっている学説に異を唱える理論が出てきて、最終的にはその理論が受け入れられるまでのパターンというのは、だいたい決まっています。初めは「デタラメだ！」と声高に攻撃しますが、次に、「あいつの説が正しいかもしれないけれど、主流じゃないからさわらぬ神に祟《たた》りなしだな」と無視を決め込む時期がしばらく続きます。そして、最後に

にっちもさっちもいかなくなったとき何というか。「そんなこと、当たり前じゃん。おれたちも最初からわかっていたんだ」。

こうしてようやくパラダイムが変わっていくのです。

学界も利権の塊のような世界です。エラくなろうと思えば、大御所の先生に盾突けません。文化人類学者の今西錦司《いまにしきんじ》といえば、日本の霊長類研究の創始者です。今でこそ今西の学説を批判している学者も多くなりましたが、生存中には日本を代表する文化人類学の大先生に向かって「その説、おかしいですよ」と盾突く者はほとんどいませんでした。

学界も、そのときどきの権威者に大半がなびいて、マジョリティを形成します。それについては、外国の学界も同じようなものです。その枠から外れて、マイノリティで踏ん張っている学者もいますが、それを貫くには結構な力量が必要です。

ぼくは学界でエラくなろうとか、認めてもらおうとかいっさい考えなかったので、大先生のご機嫌を損ねないように右顧左眄《うこさべん》したり、忖度《そんたく》したりする必要もなくて、実に気楽なものでした。ストレスフリーとはこのことでしょう。

自分の理論をひたすら原稿に書いて出版すれば、読んでくれる人たちが少しはいます。それによってぼくの考えを広く知ってもらえばいいという心境でやっています。ときには、ぼくの科学理論を医療や介護などの分野に応用してくれる人もいて、それはそれでうれしいものです。

学界で認められたいからと、注目されている分野を研究対象に選ぶ学者もいます。が、今現在、脚光を浴びている分野も10年後には見向きもされなくなる可能性があります。先のことは誰にもわからないのです。ダーウィンのように生きているあいだに名声をほしいままにした学者もいれば、メンデルのように生存中は誰からも相手にされずに、死後16年もして突如として注目の的となる学者もいるのです。

ダーウィンやメンデルというビッグネームをもちだすのも気が引けますが、いずれにしても、先のことはわからない以上、自分が興味のある分野の研究を続けるのが一番です。たまたま10年後か20年後かに自分の研究分野がもてはやされるときがくるかもしれませんし、たとえこなくたって、それはそれでいいではありませんか。

学界に限らず、出世などというものは、時の運や巡り合わせによって大きく左右されます。40歳をすぎたら、このような当てにならないことに固執するのはそろそろやめにするほうがよいでしょう。それよりも、自分でこれが面白い、これで行くんだ、と心に決めたら、まわりの反応や評価をあまり気にしないでやり続けることが、40歳をすぎた人間の生き方の基本だと思います。

第4章

40歳からは社会システムを改革する

――個人と社会との関係

金沢城のヒキガエルは生存競争と無縁

日本をはじめ多くの国が抱えている問題といえば、長時間労働に、激しい生存競争、そして、広がるいっぽうの経済格差でしょう。しかし、この3つとは無縁の動物がいます。ヒキガエルです。

金沢城跡に棲息していたヒキガエルを9年にわたり追跡調査してきた生物学者、奥野《おくの》良之助《りょうのすけ》によると、彼らの「労働時間」は1年間わずか55時間で、あとの時間はほとんど眠っています。春の繁殖期の活動が25時間、エサをとるための活動が30時間で合計55時間というわけです。ブラック企業で1日10時間以上も働かされている人間がいるというのに、なんとも優雅な暮らしぶりです。

しかも、金沢城のヒキガエルたちは生存競争をしません。奥野は9年の間、延べ1万匹以上のヒキガエルを観察しましたが、ただの1度も喧嘩を見なかったそうです。夜、穴から出てきてミミズの1匹でも捕まえて食べれば、すぐに手近な穴に入り込んで寝てしまいます。そこに別のヒキガエルがいてもおかまいなしで、侵入された「先住者」も咎めだてするわけでもありません。

働きすぎない、所有権を主張しない、生存競争とも、したがって、格差社会とも無縁な

働きすぎない、所有権を主張しない、生存競争とも格差社会とも無縁なヒキガエルは生物の理想形。

ヒキガエルの生き方は、生物の理想形ともいえるでしょう。

しかし、ヒキガエルは例外で、他の多くの生物たちは生存競争にさらされて、縄張り争いをくりかえしています。ただし、強者だけが勝ち残るのではなく、弱者は弱者なりになんとかうまく生きています。強い者ばかりが生き延びて、弱者が次々と滅ぼされるような世界ではなく、弱者も上手に生き残っているからこそ種の多様性が保たれているわけです。

生存競争には同じ種のあいだでの競争と、異なる種と種のあいだでの競争があり、そのうちより激しいのが前者です。他の種とのあいだではある程度、棲み分けができていますが、同じ種のあいだだと、同じメスや同じエサ、同じ場所を巡って争うことになります。交尾でほかのオスに負ければ自分の遺伝子は残せませんし、隣のやつにエサを取られたら自分が飢え死にしてしまいますので、どうしても競争が激しくなるわけです。

この場合、ダーウィンの自然選択説に従えば、メスをものにしたり、エサをとったりすることに秀でた個体ほどたくさん遺伝子を残せるので、そういう形質をもった個体が徐々に適応的になって増えていくわけです。

しかし、異なる種のあいだでの競争では、話はこれほど単純ではありません。異なる種のあいだの生存競争を「種間競争」といい、種間競争では「ガウゼの法則」という有名な説があります。ニッチ（エサや生息する空間）が同じ近縁の種同士では、最終的には一方が他方によって排除されるため、安定的な共存はむずかしいというのが、ガウゼの法則です。

ガウゼはこの法則を証明するために、ゾウリムシとヒメゾウリムシというニッチが同じ近縁の2種類を同じ水槽に入れた実験をおこないます。実際、水槽の中では一方がしだいに増えていって、片方は滅んでいきました。

しかし、自然の環境は水槽の中のように単一ではなく、さまざまな要素が加わるため、これほど激しい競争にはならないはずです。たとえば、アズキゾウムシとヨツモンマメゾウムシという近縁同士を使った実験があります。どちらも主食は豆です。そこで、小豆を入れた容器にこの2種類のゾウムシを入れると、やがて激しい生存競争が始まって、たいていはどちらか一方が他方を滅ぼしてしまいます。

ここまでは、さきほどのゾウリムシとヒメゾウリムシと同様です。が、この容器にさらに、ゾウムシたちの捕食者であるゾウムシコガネコバチという寄生バチを入れてみました。どうなったか。2種類のゾウムシが共存するようになったのです。

寄生バチはアズキゾウムシが増えると、アズキゾウムシに多く寄生してその数を減らし、ヨツモンマメゾウムシが増えると、ヨツモンマメゾウムシに多く寄生してその数を減らします。その結果、両者とも増加が抑制されてしまい、どちらも相手を滅ぼすことができなくなって、最終的には共存していったというわけです。

生存競争は種内でも種外でもたしかに起きます。が、生態系には、ゾウムシコガネコバチのような生物も存在しているわけで、彼らが別の種たちの生存競争に関与するとき、強者が弱者を押しのけて独り勝ちするというような簡単な図式は成り立たなくなります。つまり、生態系内の他の要素が複雑に絡みあえば、弱者もなんとか生き延びて強者と共存するチャンスもあるわけです。

「おこぼれ」で生きる

もう1つ興味深い実験をご紹介しましょう。生物工学者の四方哲也《よもてつや》は大腸菌での生存競争を解明するためにさまざまな実験をおこないました。

大腸菌の生存にはグルタミンが必要で、大腸菌は体内にグルタミン合成酵素をもっています。そして、まわりにあるグルタミンの材料となる物質を取り入れてはグルタミン合成酵素を使って、グルタミンをつくっています。

グルタミン合成酵素の活性が高い大腸菌ほどグルタミンをより速く合成できて、より速く分裂・増殖するため、合成酵素の活性が低くて、合成速度の遅い大腸菌を駆逐して、どんどん増えていくでしょう。

実際、合成酵素の活性の高い大腸菌と、ふつうの活性度の大腸菌とで競争させたところ、後者は合成速度が遅いために滅んでしまいました。

今度は、もっとも合成速度の遅い大腸菌と、もっとも合成速度の速い大腸菌とで競争させてみました。合成速度の遅い大腸菌のほうが簡単に滅ぼされそうなものです。

ところが、最初のうちこそ合成速度の遅い大腸菌の数は減っていきましたが、最終的には両者が共存したのです。なぜそのようなことが起きるのか。四方の考えでは、合成速度の速い大腸菌はあまりにも急激にグルタミンを合成しすぎて、その一部が体から漏れ出してしまう。合成速度の遅い大腸菌はその漏れ出したおこぼれのグルタミンに与《あずか》って生き延びるため、滅ぼされることなく強者と弱者が共存できるというのです。

大腸菌たちはつくりすぎたグルタミンを上手にシェアリングしながら、ダメなヤツはダメなヤツなりに、効率の悪いヤツは効率の悪いヤツなりになんとか生き延びているのです。

これも種の多様性を保ち、生き延びるための戦略でしょう。環境が激変したときに備えて、今現在の環境に適応できている個体だけでなく、デキの悪いヤツも見捨てないわけです。

人間社会に目を転じると、先進国では市場原理主義の弱肉強食がまかりとおる新自由主義がいまだ健在で、経済格差は広がるいっぽうです。世界の大金持ちたちも大腸菌を見習って、儲けすぎた分は吐き出して貧困層に回せばよいのですが、なかなかそうはなりません。

格差社会といえば、日本も例外ではありません。しかも、のちほど詳しく述べますが、日本の経済は凋落の一途を辿っています。このままの状態が続けば、勤めている会社が倒産して路頭に迷うことも十分ありえますし、そこまでいかなくても、この先、収入は増えないのに物価だけ上がり続けて、多くの日本人が貧困にあえぐようになるかもしれません。

貧困は多くの人にとってもはや他人事《ひとごと》ではなく、さまざまな矛盾を抱え込んだ政治や社会に対して、無関心を決め込んでいることは危険でもあります。自然寿命を超えた40歳以降は、目の前の生活に追われているだけでなくて、視野を広げて政治や社会にも目を向け、関心をもつことが大切だと思います。

社会運動は半分、楽しみながらやる

政治や経済、社会などの問題に関心をもったら、実際に社会運動に加わることも選択肢の1つでしょう。

ぼく自身も高尾山トンネルの建設反対運動に長く関わってきました。1984年、圏央道を通すため高尾山の真下にトンネルを掘る計画が発表されました。全長300キロにわたるこの圏央道のうち、高尾山インターチェンジと八王子ジャンクションを結ぶために高尾山の下にトンネルを掘るというのです。山を削れば、樹齢何百年もの大木も伐採することになり、虫や鳥、小動物などの数が減少して、湧き水や滝の水量が減るなど、生態系に大きな乱れが生じてしまいます。

市民団体が国を相手どり高尾山のトンネル建設差し止めを求める訴訟を起こし、ぼくも原告のメンバーに加わりました。さらに、「立木《たちき》トラスト運動」の裁判にも参加。トンネルを掘るために切ることになる雑木林の木の1本1本に個人名を記したプレートをくりつけて、その木の所有権を主張するのが「立木トラスト運動」です。「立木トラスト運動」でも裁判を起こし、ぼくは意見陳述もやりました。

反対運動には一般市民や学者、ミュージシャン、作家など大勢の人たちが参加して、大いに盛り上がりましたが、結局、計画が示された28年後の2012年にトンネルは開通しました。2つの裁判とも敗訴し、立木トラストでは強制代執行によって立ち退《の》かされたのです。強大な権力をもつ国や道路公団を相手に市民が戦っても、そうそう勝てるものではありません。世の中、なかなか変わらないものです。

運動にあまりにのめり込むと、深く失望して傷つくことになります。人生を棒に振ることにもなりかねません。ぼくらの仲間でもある日、ぷっつり姿を見せなくなった人もいます。のめり込みすぎた人たちはたいてい転向するか、マゾになるかのどちらかです。

ぼくはこの反対運動でも、面白がること、楽しむことをいつも心がけてきました。運動することでほんの少しでも変わればいいし、変わらなくても仕方ないな、くらいのスタンスで関わってきました。そうでなくては続けられるものではありません。

この運動で一番面白かったのが、「立木トラスト運動」の件で補償金の払渡通知書が配達証明付速達で届いたときです。恐らく郵送代は1000円近くするはずですが、封を開けると、ぼくの立木のあった土地の補償額は2円ということでした。妻と大笑いしました。

ボランティアの落とし穴とは

中高年になると、社会運動ばかりでなく、社会貢献となるボランティアを始めたい人もいるでしょう。自分の住んでいる地域のみんなと木や草花を植えたり、その手入れをしたりといったことも社会貢献になりますし、休みの日を利用して被災地へ出かけ、水害で泥だらけになった家の片づけを手伝うのも社会貢献です。このような社会貢献をボランティアで始めることで、これから先の人生の幅を広げるきっかけになるかもしれません。

ところで、ボランティアには落とし穴があります。たとえば、独り暮らしの高齢者の庭の草取りをするボランティアを善意で始めたとします。カネをとらないで働いているわけですから、気づかないうちに「やってやっている」という優越感や不遜さが芽生えることもありえます。

しかも、金銭が発生しないから、仕事が雑にならないとも限りませんし、たとえ雑な仕事をしても責任をとらなくてすみます。労働に対する正当な対価が払われるのが、社会の基本である以上、何がしかのカネを受け取ることではじめて、仕事に対する義務感と責任感が生まれて、きちんとした働きもできるわけです。

社会貢献のためにボランティアに参加するなら、このような落とし穴についてつねに頭の隅に入れておきたいものです。

あきらめずに投票し続ける

日本は今や「衰退途中国」です。とくに経済の凋落ぶりは目を覆うばかりで、その大きな原因の1つが、利権まみれの自民党政治が長く続いてきていることです。日本に活気を蘇《よみがえ》らせるには、自民党政治をひっくり返す必要があり、そのためにも政治に関心をもって、そして、選挙で投票をすることも大切でしょう。

とはいえ、いくら投票したって、勝つのはいつも自民・公明ばかりなのですから、選挙に行くのがバカらしくなるかもしれません。その気持ちはわかりますが、一票を投じる行為は、われわれが政治に関わることのできる、ほぼ唯一の機会なのだから、あきらめないことです。あきらめないで、選挙のたびに投票所へ足を運ぶことです。あきらめたら、人生に対して投げやりになってしまいます。

人間はなかなか変わらないものですが、日本だってこれから何があるかわかったものではありません。格差は広がるいっぽうで、食料自給率（カロリーベース）もわずか37パーセント（食料自給率はカロリーベースと生産額ベースがある。本数字は２０２０年度カロリーベースの数値）。天下泰平に思えても、あちこちに綻《ほころ》びが目立つようになれば、選挙に行く人が増えてくるでしょう。投票率さえ上がれば、自民・公明がボロ負けする可能性は十分にあるのです。

ですから、自分が投票した政党や候補者が勝っても負けても、あまり喜んだり、悲しんだり、腹を立てたりしないことです。楽観的になりすぎるのも、悲観的になりすぎるのもよくありません。選挙結果を淡々と受け止められるようになることが、これから先もあきらめることなく投票を続けるための一番のコツです。

では、次に、日本のすさまじい劣化ぶりについてお話ししましょう。この実態を知れば、多くの方が社会問題に関心をもたずにはいられなくなり、せめて選挙に行こうという気にもなるでしょう。

日本は今や「衰退途中国」

１９６０年代、日本経済は急成長を遂げて、１９６８年にはついにアメリカに次いでＧＮＰ（国民総生産）第２位の経済大国になりました。２０１０年に中国にその座を奪われるまで、42年間も第2位を堅持し続けてきたのですから、たいしたものです。今でも日本はアメリカ、中国に次いでGDP（国内総生産）第3位を誇っています。

ところが、国民一人当たりのGDPとなると、2021年では世界第24位です。アジアで第1位のシンガポールの61・4パーセントにすぎず、また、韓国は日本よりも低いとはいえ、経済成長率は日本よりはるかに高く、追いつかれ、追い越されるのも時間の問題でしょう。

また、日経平均株価が史上最高値をつけた1989年12月に発表された株価時価総額ランキングには50社以内に日本の企業がなんと32社も入り、半分以上が日本の企業で占められていました。断トツの第1位に輝いていたのが日本電信電話（NTT）です。2位が日本興業銀行、3位が住友銀行、4位が富士銀行、5位が第一勧業銀行と、ベスト5のすべてが日本企業でした。

32年たった現在はどうなっているでしょう。気が滅入るような話になりますが、2021年12月7日時点の時価総額の世界1位はアップル、2位がマイクロソフト、4位がアルファベット（グーグル）、5位がアマゾンと、アメリカの企業が5位以内に4社も名を連ねるいっぽう、50位以内の日本企業はわずか1社、31位のトヨタ自動車のみです。32社も占めていた日本企業が32年間でたった1社になってしまったのです。

ちなみに、中国は50位以内に5社が入り、台湾の企業では、世界の半導体受注の半分を占める台湾セミコンダクター・マニュファクチャリング（ＴＳＭＣ）が10位で、トヨタの2倍以上の時価総額ですし、韓国も15位にサムスンエレクトロニクスが入り、こちらもトヨタの約１・６倍で、パナソニックなど束になってもかないません。

経済だけではありません。科学の分野でも著しい劣化が見られます。たとえば、論文数の減少です。文部科学省の「科学技術指標２０２１」によると、他の論文に多く引用される「注目度の高い論文」の数のランキングで、２００７〜２００９年は世界で第5位だったのが（1位アメリカ、2位中国、3位イギリス、4位ドイツ）、10年後の２０１７〜２０１９年ではイタリア、オーストラリア、カナダ、フランス、そしてインドにまで抜かれて第10位に転落していました（1位中国、2位アメリカ、3位イギリス、4位ドイツ、5位イタリア、6位オーストラリア、7位カナダ、8位フランス、9位インド）。

ちなみに、1位の中国の約4万２００本に対して日本は約３８００本。10分の1にも満たない本数です。

頭脳流出も深刻です。日本にも非常に優秀な若者が数多くいます。が、優秀すぎる人間は日本では「出る杭」として頭を打たれます。そんな国にいても面白くないから、多くの優秀な若者がアメリカなど海外へ渡ってしまうわけです。日本にいたら、安い給料でコキ使われるだけです。アメリカのシリコンバレーでは日本の優秀な若者たちが高い給料で雇われて十分な研究費も与えられ、不満なく働いていると聞きます。

給料といえば、国立大学の准教授の年収はせいぜい700万円です。ところが、香港や上海の大学に移れば、年収1500万円にはなります。日本よりも物価が高いとはいえ、この年収は魅力でしょう。日本の大学にいても給料は安いし、研究費もロクに出ないとなれば、気の利いた研究者なら海外へ渡るのも当然です。

研究者以外でも、最近では優秀な人間がどんどん外資系企業へ行くようになりました。アメリカの日本法人などでは本国の給与ベースでの支払いとなるため、同じような職種でも日本企業の約1・5倍の年収になるといいます。

それにしても、30年におよぶこのような没落ぶりの原因は何なのでしょう。根本的な原因は、多様性を無視した日本社会や日本企業の風土そのものにあると思います。

多様性を無視し続けたツケ

2つの異なる個体の生殖細胞が合体することで子孫を残す仕方が両性生殖でした。生物が両性生殖を獲得したのは、真核生物が誕生した約20億年前より後でしょう。両性生殖によってようやく種内の遺伝的多様性を手に入れることができたわけです。

多様性は生物にとって生き残りのための重要な戦略です。人間社会にとっても同じことがいえます。ところが愚かにも多様性を排除し続けてきた国があります。日本です。日本は戦後一貫して、企業や官僚や政治の世界でも、また、アカデミックな世界でも、ズバ抜けて優れていたり、劣っていたりする者は異質な人間、変わりダネの「変なヤツ」とみなして排し、そこそこ優秀な人材だけを集めてやってきました。

このように多様性を無視して、同質性を求めるやり方が、１９６０年代から70年代にかけて、とくに企業経営では非常にうまく機能して、日本を世界第２位の経済大国に押し上げる原動力になりました。

当時の日本はモノづくりに邁進《まいしん》し、工場の生産性を上げることに特化した社会で、そのような集団では、みんなとは違う意見を述べたり、上司の命令に異を唱えたりすることは、生産性を低下させるだけのムダな行為でしかなく、生産性を上げるという一点において、全員が足並みを揃えて横一線でわき目もふらず、上意下達で黙々と働くことがもっとも効率的だったのです。

ところが、今や工場生産だけに頼っていては、企業の成長は見込めないどころか、生き残りすら危うくなります。今の時代に必要なものは、イノベーションです。アップルやアマゾンやグーグルや、あるいはテスラのように、これまで誰もつくったことのない新しいモノや新しい方式や新しい価値を創出できた企業だけが、競争に打ち勝って浮上できるのです。

では、イノベーションのために求められる人材とは？　異質で、変わりダネの、変なヤツです。そういった変なヤツをたくさん集めて、多様性に富んだ集団をつくりあげ、そして、彼らの能力を最大限に引き出すために、自由にいいたいことをいわせて、自由に働かせるのです。

このような多様性と自由な企業風土があって初めてイノベーションが生まれ、企業も成長していくはずなのに、日本のほとんどの企業がいまだに、そこそこ優秀で、羊のようにおとなしい人間を集めて、足並みを揃えてみんな一緒に働くという旧態依然のやり方から一歩も出ていません。毛色の違う、マイノリティや、変なヤツを連れてきて、その才能と能力を活かすという方向に舵を切ることができないまま、立ち往生しているのが現状です。

「収益が落ちて、大変だ」となると、日本の企業のやることはただ1つ、リストラという名の大量クビ切りです。これをすれば人件費を大幅に削減できます。そして、残った社員にクビになった人間の分まで働かせて、「努力が足りない、もっとがんばれ」と尻を叩き続けますので、短期的には収益が上がってV字回復も可能でしょう。

でも、残った人間たちはこれまでのやり方を継続するだけで、新しいことを始めるわけではありません。新しい血が入ってくるでもなく、社員数が減っただけなのですから、イノベーションなど生まれようもなく、長期的に見ればジリ貧状態となることは火を見るよりも明らかです。

戦争に負けて焼け野原になった小さな島国が、1960年代から70年代には経済がどんどん成長していき、80年代にはアメリカに次ぐ世界第2位の経済大国になったのです。この華々しい成功体験をなかなか忘れられないのでしょう。

めざましい経済発展の原動力となったのが同質性でしたが、工場での生産効率を上げるという点で強みとなったこの方式が、今やイノベーションの最大の足枷《あしかせ》となってしまいました。

アメリカは1980年代、日の出の勢いの日本経済を横目に、何とか逆転したかったのだと思います。日本の一流企業は当時、世界的な勝ち組だったわけで、その組織や体質を称賛するムキもありました。が、アメリカは決して日本のマネをしませんでした。かわりに、1990年以降、きわめて優秀だけど変なヤツを排除しないし、「出る杭は打たない」ことで日本に対抗して、IT企業を次々に誕生させたのでした。

マイクロソフトをつくったビル・ゲイツも、アップルの共同創業者の一人スティーブ・

ジョブズも天才的な頭脳の持ち主ですが、かなりの変人です。とくにジョブズは、入学してわずか半年で大学を中退しています。その間、ヒッピー文化に触発されてキャンパスを裸足で歩く姿がよく見られたそうで、LSDをやっていたという話もあります。

2022年の世界長者番付で第1位になったのは、Twitterの買収騒動でその名を轟《とどろ》かせた実業家のイーロン・マスクです。テスラのCEO（最高経営責任者）で、宇宙開発企業のスペースXのCEOを務めるマスクは火星移住の計画もぶちあげています。

ジョブズや、最近のマスクのような型破りの、破天荒ともいえる人材を活かすような土壌は、日本には残念ながらありません。

また、コロナウイルスを制圧して世界中から注目をされた台湾には、デジタル担当大臣のオードリー・タンがいます。タンは天才すぎて、学校生活になじめなくて中学を中退し、19歳のときにシリコンバレーでソフトウエアの会社を起業しました。トランス・ジェンダーであることもブログで表明しています。

タンは35歳という若さでデジタル担当大臣に就任し、みずからのデジタル技術を駆使してコロナによるマスク不足をアッという間に、見事に解消してみせました。多様性の欠如した日本で、35歳でトランス・ジェンダーの、中卒の人間が大臣に据えられるということはありえません。

多様性は生物が進化の過程でサバイバルのために獲得した宝物のような貴重な性質です。その多様性を拒み続けてきた結果が、２０２１年の時価総額ランキング50位以内に、トヨタ自動車1社のみが31位にようやく顔を出すという、日本経済の衰退ぶりの元凶といえるでしょう。

日本は利権社会

今の自民党政権下では、新しくできる法律のほぼすべてが利権がらみです。環境を守るためという謳《うた》い文句で、ソーラーパネルなどに補助金を出すために、政府与党が関連の法律を通過させたことなどはその格好の例といえます。

ソーラーパネルの設置のために山の斜面を削る業者や、パネルの製造会社がその補助金で潤うだけでなく、口利きをした政治家の懐《ふところ》にもカネが転がり込むしくみです。補助金関連の法律があっという間に成立するのもそのためで、逆に、国立大学の教授の給料を改善するとか、研究費の分配方法を公平にするとかいった法律がいつまでたってもできないのは、このような法律をつくっても、利権が発生しないからです。

新型コロナウイルス関連のさまざまな給付金の業務はそのほとんどが、パソナなどの業者に丸投げされています。これも同様の構図です。つまり、子どもたち1人につき10万円を給付する場合、たとえば1件につき業者が2万円取るとしたら、10万円の給付のために12万円かかります。その2万円のうちの一部は関係する政治家へキックバックされるわけです。その2万円は私たちの税金から支払われますので、業者と政治家が儲かった分、国民が損をすることはいうまでもありません。

うちの近くに小川が流れています。あるとき、川底の泥をほじくり返してコンクリートにしました。すると、泥がどんどん溜まっていくので浚渫《しゅんせつ》工事（土砂を掘り取る工事）をします。が、コンクリートで固めているので、また泥が溜まり、また浚渫工事をおこなう、ということが永遠に続き、そして、請け負っている会社は永遠に儲かり続けるわけです。

そういう生産性も何もないムダなことに税金を使っておいて、ふたこと目には国も自治体もカネがない、カネがない、とほざいているのですから、開いた口がふさがらないとはこのことです。

日本の経済は、業者と政治家の癒着による補助金という利権がなくては回らない体質に陥っていて、いまやイノベーションを起こして、それを輸出して儲けるという「まっとうな商売」ができなくなっているのです。これも、自民党の長期政権が続いていることの大きな弊害の1つです。

「羊」に育てるための教育

では、このような状態に嵌《はま》りこんでしまった日本を蘇らせるにはどうしたらよいのでしょう。学校教育を根本的に変えることです。

学校の試験では正解のある問題しか出ません。正解のある問題をいくら早く正確に解けたとしても、イノベーションを起こす力にはなりません。重要なのは正解があらかじめ決まっていない問題と格闘して、自分の頭で考えることです。

大学入試でも、正解にいち早くたどりつける人間ほど一流大学に合格できます。しかし、正解に早くたどりつける能力があるからといって、その人間に自分で考える力があって、創造的な能力にも恵まれているとは限りません。そもそもこれらは別の能力なのです。

問題は授業のあり方だけではありません。戦後一貫しておこなわれてきた多様性を排除しようとする土壌こそが問題なのです。その最たるものが、ブラック校則などともいわれている理不尽極まりない校則の数々でしょう。一部の教師たちは生徒全員の髪の毛を黒一色に統一しなければ気がすまないようです。

「理由はなくてもルールは守れ」がまかり通っていて、「どうして下着は白くなければばいけないんですか？」「校則だからだ」「誰が決めたんですか？」「うるさい、黙って校則に従っていればいいんだ！」という調子でやってきたし、今もなお、それは変わっていません。

小学生の頃から、校則によって教師の命令に従わなければならない環境に置かれていれば、よほどパワーのある子どもでない限り、権力に従順な人間に育っていくでしょう。それにしてもなぜ学校がこのような状態に陥ってしまっているのでしょう。

日本の教育機関は、ここ20～30年はとくに、権力者たちのいうなりになる国民を育てるための養成所と化しています。そして、「抵抗するな、上のいうことを聞け！」という教育が奏功して、世の中は権力者たちの目論見通りにほぼ進みました。

記憶に新しいところでは、2020年の3月に都立学校253校すべての卒業式で、新型コロナウイルス感染症の流行中で飛沫感染の恐れがあったにもかかわらず、生徒たちがマスクをはずして「君が代」を斉唱させられたという「事件」でしょう。「君が代」を歌わなかった教職員たちが30年にもわたり、くりかえし処分されてきたことで、教師たちは合理的な判断ができなくなっていたのです。

すっかり萎縮してしまった教師たちが身をもって、「抵抗するな、上のいうことを聞け」と生徒たちに教えているのも同じです。権力者もここまでうまくいくとは思っていなかったかもしれません。とにかく大成功を収めたのです。

つまり、国民は権力に対して羊のようにおとなしくなり、若者たちの多くはデモにも行かなければ、選挙にも行かないし、選挙に行く少数の若者もそのほとんどが与党に投票しています。若い世代では政治の話をすること自体がダサいとみなされるそうです。

この大成功とひきかえに、日本全体が「ダメ・フェイズ」に突入して、今や坂道を転げ落ちるように衰退の一途をたどっているのです。

校則を廃止するべき

人類は少なくとも7万5000年前までには言葉を話すようになったと考えられています。文字ができたのは7000年ほど前のことでした。文字をもたなかった7万年近くの間、人類は言葉だけで集団をまとめていたのです。

イギリスの人類学者で進化生物学者のロビン・ダンバーは「平均約150人（100〜230人）が、それぞれと安定した関係を維持できる個体数の認知的上限である」と述べています。平均で150人以下の集団なら、全員が全員のクセや好き嫌い、得意技や技量や性格などを把握できるので、文字がなくても言葉だけでなんとかなっていけたというのです。

そのような集団ではおたがいのことをよく知っているのですから、不文律のようなものはあったかもしれませんが、細かなルールなど不要だったはずです。

小学校では1クラスの生徒数はせいぜい30人ほど。ダンバーのいう認知的上限の平均約150人よりもはるかに少ない30人程度なら、教師が1人1人の生徒の性格から学力、体力、得意不得意、好き嫌いなどを把握することも容易にできるでしょう。

それなら、1年間でこういうことを教えましょう、などと一律に決めなくても、1人1人の生徒に合わせた授業がおこなえるはずです。

たとえば、算数のすごく得意な子どもには、ほかの子どもたちのレベルに合わせた授業では退屈してしまいますので、レベルの高い問題を好き勝手にやらせておけばいいのです。ハイレベルな問題に挑戦することで、数学への興味が深まって勉強がますます楽しくなって、グングンと力が伸びることでしょう。反対に、算数の苦手な子どもには、その子に合ったレベルで少し時間をかけて丁寧に教えることができます。

生徒たちの個性やレベルを無視していっせいに同じことだけを教える授業よりも、こちらのやり方のほうが生徒たちはより楽しく、よりハッピーに学べるでしょう。しかも、こうしたそれぞれの子どもの個性に合った授業を積み重ねることによって、子どもたちは知らず知らずのうちに多様性の大切さを学ぶようになるはずです。もちろん、今の教育制度では無理なので、教育制度を根元的に変える必要があるでしょうけれどね。

教育制度を変えなくとも、すぐにできることは校則の廃止です。小学生に校則など必要ありません。体操服の中に肌着を着てはいけないとかいったバカな校則は即刻やめていただきたい。中学校でも高校でももちろん校則は廃止するべきです。校則は拘束。生徒たちに従順さを植えつけるための道具なのですから。

中には「我家のルール」なんてものを決めているバカ親までいます。たった5人の家族にルールもヘチマもない。ルールなどなくとも、その場その場で適当にやれば、うまくいきます。

夜の9時までに帰ること、5分でも遅れたら小遣いを減らします、なんてことをしている家の子どもに限ってロクな大人に育ちません。たとえ子どもであっても、ルールに従って早く帰るのではなくて、自分の頭で考えて、自分の判断で危なくない早めの時間に帰ることが大切なのです。

文部科学省を解体せよ

校則を廃止して、さらに、文部科学省も解体できれば、日本の教育に大きな風穴をあけられるはずです。日本の学校は権力者のいいなりになる国民を育てるための養成所だと書きました。その養成所の頂点に立つのが文科省です。

　この文科省が教科書検定をおこなっています。教科書自体は民間の出版社が作成しますが、文科省のホームページでの説明によると、「客観的かつ公正であって、適切な教育的配慮がなされた教科書を確保する」ための教科書検定だそうです。つまりは、何が客観的で、公正で、適切なのかを判断するのは、あくまでもおカミですよ、といっているわけです。

　文科省に、さまざまな意見に分かれている事柄についての判断を委ねてよいはずがありません。

　文科省による教科書検定などさっさとやめにして、各自治体や学校に教科書を選ばせたほうが教育は多様化します。政府はカネを出すだけで口は出さないことが重要です。そうなると、右から左までさまざまな教科書が現れて、中には教科書を使わない学校も出てくるでしょう。

　さらに重要なのは教育予算を増やして、教師の待遇を良くし、学校をブラック職場から開放することです。現場の教師の裁量権を大幅に増やすことも重要です。教師たちはそれぞれに工夫を凝らして勉強もして、自分の教え方を編み出したうえで授業に臨むことになります。

文科省の命令一下でおこなわれる全国均一の授業よりもはるかにバリエーションに富んだものとなり、やがて子どもたちの間にも豊かな多様性が生まれるにちがいありません。

さらに、この方法にはもう1つ、大きな利点があるのです――。

全国で同じような教科書を使い、学習指導要領に基づいて授業を進めているのでは、うまくいかなかった場合、いったい誰の責任なのかがよくわかりません。責任の所在がはっきりしないから、結局のところ誰も責任をとらないという、日本お得意のパターンがここでもくりかえされているわけです。

けれど、市町村や現場の教師などに教科書の採択から授業方法まで好きにやらせる仕方を10年も続ければ、どの県のどの町のどの教育方法がうまくいっているのか、いっていないのかが何となくわかってきます。現場の担当者や教師たちは、自分たちと違うやり方を見て、改良することをできるでしょう。

文科省の解体は生徒たちの間に多様性を起こさせて、なおかつ、大人たちの責任の所在をはっきりさせることもできる一石二鳥の良策というわけです。

文部科学省を解体して、現場の好きにさせろ、などという提案は突拍子のない暴論、暴言の類だと思われるかもしれません。しかし、このくらいの荒療治でもしない限りは、日本の劣化と衰退を止めることはできません。

30代、40代の政治家は50年先を見通せる

自民党の実力者といえば、少し前まで二階俊博と麻生太郎でした。二階は83歳、麻生は81歳で、ともに80代です（２０２２年7月現在）。38歳の自然寿命の倍以上を生きてきた男たちに、つい最近まで日本の政治は牛耳られていたのですから、さまざまな面で日本が世界から取り残されてしまったのも当然なのかもしれません。日本の将来を考えると議員はもう少し若い人が多くならないとダメでしょう。年齢制限を設けろとはいいませんが、年代別に定員を割り当てたほうがいいかもしれませんね。

政治には中期的な5年先、10年先のことももちろん大切ですが、同時に、50年先を見据えた長期的なビジョンを考える必要があります。自分の寿命もじきに尽きる80代の政治家に、あるいは、古希を過ぎた政治家に50年先のことなど、自分のこととして考えられるはずがありません。

そこへいくと、30代や40代の人間たちは50年先はまだ生きている可能性が高いので、50年先のことも自分たち自身の問題なのです。ですから、たとえば、将来、ＡＩによって人間の仕事がほとんど奪われてしまった社会のあり方や、そこでの人々の暮らしや生きがいなどについて、切実な問題として考えられますし、そのような未来を見定めて政治をおこ

なうこともできるはずです。

しかも、30代、40代の人たちの中には50年先を見通せるだけではなく、5年先、10年先どころか、目の前の喫緊の課題を処理することにも長《た》けている人も多いはずです。現代は次々に新しい技術が出現しており、それらの有効性と利用可能性を理解できなければまともな政治家にはなれません。

さきほどもふれたように台湾のオードリー・タンがデジタル担当大臣に就任したのは35歳でしたし、また、ウクライナの副首相兼デジタル大臣のミハイロ・フェドロフ氏は現在、31歳。大学卒業後にSNS関連の広告会社を起業したそうで、彼はロシア軍がウクライナに侵攻を始めるや、SNSを駆使してマイクロソフトやアップル、IBMなどの世界企業にロシアからの撤退を呼びかけて成功したことは記憶に新しいところです。

オードリー・タンやミハイロ・フェドロフのこのような行動は、新しい技術を使いこなせる世代ならではの発想であり、知恵です。古い世代の政治家には想像のおよばない世界に彼らは生きているのです。

ひるがえって日本を見ると、少し古い話にはなりますが、桜田義孝・元サイバーセキュリティ担当大臣がいました。2018年、当時68歳の桜田氏は、衆議院内閣委員会で「自分でパソコンを打つということはありません」と胸を張り、USBについて聞かれたときの答弁が「使う場合は穴に入れるらしいんですけれど、細かいことはよくわかりません」。70歳近いおっさんにITは無理、との同情の声も聞かれました。

このような人物をサイバーセキュリティ担当大臣に指名していたのですから、日本が完全にITの波に乗り遅れてしまったのも当然でしょう。

ところで、もしも日本がすぐれた汎用性AIロボットを開発できれば、日本経済はかならずや浮揚できると思います。それには民間企業の力だけでなく、AIに対する国の理解と後押しが欠かせません。それができる政治家は50年後の先を見通せて、かつ、科学の最先端をある程度理解できる若い世代の人間だと思います。

突破口は汎用性ロボットだ

汎用性のAIロボット、それもとびきり性能のよいものを開発することで、日本の経済状況は一変するでしょう。

汎用性AIロボットとは、掃除や洗濯、料理といった家事からショッピングや介護まで1台ですべてがこなせる夢のような未来ロボットです。そのAIロボットを日本の企業が開発できて特許を取得できれば、今のマイクロソフトやアップルと同じように、世界の市場を牛耳ることができます。世界中からマネーが集まり、めちゃくちゃ儲かること間違いなしです。

今はアメリカが世界経済の覇権を握っていますが、アメリカといえども永遠に覇権国でいられるとは限りません。覇権を握るためには高い汎用性をもつＡＩロボットをつくればいいことはどの国もわかっています。何度でもくりかえしますが、この開発競争に日本が勝つのに必要なのは、従順ではない変わりダネ、変人たちです。そのためには、マイノリティを排除しない多様性に富む社会をつくることが必須です。

日本の衰退の根本原因は学校教育にあるといいました。小学校から高校にいたるまで一貫して多様性を排除しているのが、日本の学校教育の一大特徴です。それにメスを入れない限り、日本は変わりません。しつこいようですが、そのためにはくだらない校則を廃止することです。これは簡単にできるはずです。さらには文部科学省を解体することですが、これはなかなかむずかしそうですけれどね。

食糧増産が環境を破壊する

ここからは日本を離れて、世界の問題について論じたいと思います。

人類にとってもっとも切実な問題は食べものです。現在、世界人口は約79億人。その分の食糧は十分に足りています。農業においても著しいテクノロジーの進歩にともない、穀物などの生産量がどんどん増えているのです。問題は、この潤沢な食糧の分配に偏《かたよ》りがあるため、一部の地域や国で食糧難に陥っていることで、これを是正することが、政治や経済の急務でしょう。

しかし、それが解決されたとしても、地球上の人口はこれからも増加し続けるでしょう。人口の増加に応じて、食糧の生産量も増やしていかなければなりません。そして、この食糧の増産が自然破壊をもたらすのです。

食糧生産を増やすためには原野を切り拓いて畑にしなければならず、このことは他の野生動物の生きる場所を奪うことにほかなりません。しかし、農業以上に自然の生態系に負荷をかけているのが、実は水産業です。捕りすぎがたたって、魚介類の水揚げ量はもはや上限に達しています。魚群探知機で見つけては一網打尽にするようなことを続けていたのですから、水産資源そのものが減ってしまったのでしょう。

その昔、偶然と勘だけを頼りに捕っていたのと同じ量を確保するために、今は魚群探知機で血眼《ちまなこ》になって探しているありさまです。あと10年もしたら、多くの魚介類が絶滅の危機に瀕《ひん》することはほぼ間違いないでしょう。

陸なら破壊されれば一目瞭然ですが、海の中のことはほとんどわかりません。おそらく、乱獲によって海の生態系にも大きな変化が起きていると思われます。

天然ものの漁獲量が減っている分、急激にその量を増やしているのが養殖の魚介類です。世界の漁獲量は約2億1200万トンで、そのうちの半分以上が養殖で占められています（2018年）。日本は養殖が25パーセントと世界水準から見ると少ない。日本の食卓に上る水産物の半分は外国産です。とくにマグロやサーモン、エビなどほとんどが外国産で占められ、そのうちエビはほぼ百パーセントがインドネシア、フィリピンなどで捕れた養殖ものです。

養殖なら海洋資源を枯渇させなくてすむと思うかもしれません。しかし、養殖池をつくるために大量のマングローブを切り倒して、生態系を破壊しているのです。

最近よくSDGsという言葉を耳にすることがあるでしょう。SDGsとは「持続可能な開発目標」のことで、達成すべき17の目標が示されています。17の目標の中には「貧困をなくそう」「海の豊かさを守ろう」「陸の豊かさも守ろう」といった項目があり、つまり、貧困をなくして、なおかつ、海や陸の豊かな生態系も守ろうということになります。

しかし、貧困をなくすためには、おいしくて安い穀物や水産物を大量に確保しなければならず、それをすると、海や陸の環境を破壊し、野生動植物に大きな負荷をかけることになるのです。SDGsの各目標はそれぞれにもっともな主張ではありますが、現実には貧困の撲滅と自然保護とを両立させるのは容易なことではありません。

地球上の人たちが満足に食べられるように食糧生産を増やすことは、生態系を著しく破壊するだけではありません。食の安全を脅かすという、健康被害の危険も孕《はら》んでいるのです。よく知られているのが、アメリカ産やオーストラリア産の牛肉でしょう。抗生物質配合のエサで育てられています。抗生物質には成長を早める効果があるため、すぐに大きくなり、その分、エサの量を減らせるわけです。とくにアメリカからの輸入牛には相当量の抗生物質が使われているといわれています。

抗生物質は成長を促進するためだけでなく、感染症の予防のためにも使われています。とくに養殖場では魚が過密状態で育てられているため、感染症が起きやすく、それを防ぐためには抗生物質が必要になってくるわけです。とくにチリのサーモン養殖場ではかなりの量の抗生物質が使われていると報道され問題になったことがあります。

そのような肉や魚をとおして、わたしたちの体に抗生物質が入り込むわけで、健康にいいはずがありません。

また、野菜なども無農薬のものは手間がかかるため、庶民にはなかなか手が届きません。安い野菜をつくるには、やはり農薬を使わないことには、農家も採算が合わないわけです。中には発がん性が疑われている農薬もいくつかあります。そして、農薬は人体だけでなく、昆虫やカエルなどの動物を殺すことで生態系をも著しく破壊するのです。

こうして見てくると、世界中の人たちが飢えることなく満足に食べられるようにすることと、生態系を守ること、あるいは、食の安全を守ることを両立させることが、いかに困難かがわかります。解決策ははたしてあるのでしょうか。1つだけあります。それは、人口を減らすことです。世界の人口は現在約79億人ですが、20世紀の初頭には16億5000万人でした。もしその水準まで減らせたら、環境問題も食糧問題もいっぺんに解決するでしょう。

解決策は人口の減少だ

日本の人口は2008年の1億2808万人をピークに減り続け、2021年には1億2647万人まで減少しました。このペースだと2048年には1億人を割り込むことが予想されます。人口が減少すると、労働力が不足し、つくったものやサービスを購入する消費者の数も減ってしまうため、経済は衰退するばかりです。

人口が多いことは、安い労働力を供給できるし、さらには消費者も増えるので、経済力を支える大きな要因です。そこで、どこの国も人口を増やそうと躍起になっています。が、うまくいきません。人間は家畜ではないから、無理やり「交尾しろ」ともいえないし、強制的に人工授精をさせて赤ん坊を産ませ、労働家畜に育てるというわけにもいきません。

実際、高学歴化が進み、文化レベルが高くなるにつれて、人口の減少が顕著になり、あの中国でさえ、一人っ子政策の影響が最大要因ではあるものの、近い将来、日本以上のすさまじい少子高齢化が進むことは間違いありません。これからも経済発展を続けたい中国にとって、人口減少はもっとも頭の痛い問題です。

ところが、日本や中国、あるいは先進国が悩まされている人口の減少こそが、地球を救う唯一の道かもしれないのです。もっといえば、人口を減らすことは環境問題と食糧問題を一気に解決する切り札であり、それ以外に根本的な解決策はありません。

食糧となる動物や植物などの資源は限られています。資源の量が限られているのなら、人口が少ないほど、1人あたりが使える量にゆとりが生まれるわけです。すると、大量の食糧をつくりだす必要もなくなります。つまり、これ以上森林を伐採して畑をつくらなくてすみ、マングローブ林を切り倒して養殖池にする必要もなくなり、それどころか、畑や養殖池をもとあった自然の形に戻すことも可能です。

約1万年前に農耕が始まる前の狩猟採集時代には、地球上の人口はせいぜい数百万人から1000万人程度でした。その程度の人口なら、人間がエサとなる動植物を捕りすぎることもなく、ときにエサが上手に捕れなくて餓死する者がいても、多くは生態系の一員としての調和を保ちながら生きられたのでしょう。

ところが、農耕が始まると事情が一転します。人間は木々を切り倒して開墾し、作物を植えました。農耕は人間がおこなった最初の自然破壊です。農耕によって食糧が増えると、餓死する者も減って人口も増えます。人口の増加は働き手を増やすので、さらに食糧が増加して、人口も増えて……という循環が生まれたのです。

農耕によって人口は爆発的に増えました。人口の増加は、より多くの食糧生産を必要とし、そのため、より多くの林や森が破壊されて、その結果、そこで暮らしていた野生動物から住処《すみか》を奪い、その多くを絶滅させることになりました。

このように人口が増えることは自然破壊をもたらす一大要因であり、人口増加を食い止めない限りは、いくら自然エネルギーへの転換を進めようが、CO2の削減をめざそうが、国連がSDGsを提案しようが、生態系や自然環境を破壊から守ることは永遠にできません。現在79億人の世界人口は21世紀末には100億人に達すると予想されています。人口問題は環境にとって、最大かつ火急の問題なのです。

狩猟時代の人口を1000万人とすると、現在は790倍にも膨れ上がりました。これではいかにも多すぎます。どのくらいの人口が地球生態系の規模から見て適正かはわかりませんが、せめて現在の半分くらいに減れば、私たち人間も自然をさほど破壊することとなく、生態系とうまく調和しながら生きていけそうです。

しかし、人口を減らすことは容易なことではありません。自国の経済発展というミクロな観点では、人口が増えることは合理的であり、いっぽう、地球の生態系の保護というマクロな観点では、人口が少ないほうが合理的です。ミクロの合理性とマクロの合理性が背反する関係にあり、しかも、やっかいなことに生物は人間も含めて、何の束縛もなければミクロ合理性をひたすら追い求めるようにつくられているのです。

ミクロ合理性でこのままひた走れば、地球環境はどんどん悪化して、ついにはクラッシュを起こして人口が激減するでしょう。期せずして人口を減らせるのだから、それでもいいかもしれませんが、クラッシュを起こして一度に大量の人が死ぬのはあまりいい結末ではありません。徐々に減らして「軟着陸」を望むのなら、なんとか世界レベルでのマクロ合理性を構築する必要があります。

むずかしいことのように思えますが、実は、マクロ合理性の構築にとってまたとないチャンスが近い将来、到来するはずです。さきほど、人口増大は安い労働力を生みだし、経済を支える原動力となると書きました。ところが、ＡＩ技術のめざましい発展によって、あと50年もすれば、人間がこれまでしてきた労働のほとんどをロボットがしてくれるようになるでしょう。

ということは、安い労働力を確保するために人口を増やす必要はなくなるわけです。むしろ、人口が多いとその分、仕事にあぶれる人間が増えますから、人口が減ることのほうがミクロ合理性に合致することにもなります。

その意味では、人口の減少が止まらない日本こそが、将来のAI社会にもっともフィットした国として称賛されるようになるかもしれません。

AI時代とベーシックインカム

AIなら一日24時間働かせても文句のひとつもいいませんし、給料も支払わずにすみ、減価償却さえ終われば、その後はメンテナンス料がかかるくらいです。ただ同然で働かせられるのですから、人間の安い労働力など必要ありません。

すでに、日本でもコンビニなどで、店員のいない無人店舗を次々に導入し始めています。小売店から店員の姿が消えるのも時間の問題でしょう。工場労働のみならず、公認会計士、司法書士、税理士、図書館司書から介護士などの仕事もAIがやるようになり、さらに、医師もAIにとってかわられるはずです。人間よりも正確な動きが可能なのがAIロボット。手術を受けるなら人間の外科医よりAIに任せたほうが安全そうです。

内科医もいらなくなるはずです。必要な検査をおこない、その結果を分析したうえで、いくつかの治療法を患者に提示して選ばせるといった、内科医がこれまでやってきた仕事をAIがおこなうわけです。また、種を撒《ま》いて、間引きして、肥料をやって、収穫するといった農作業もAIロボットに任せられる日もくるはずです。

しかし、そうなるとほとんどの人たちが仕事にあぶれてしまい、ごくひと握りの超リッチな富裕層と、仕事にも就けない大多数の超貧困者とに二分されるでしょう。このような極端な格差を生むAIの社会では、ベーシックインカムの導入が不可欠となります。

ベーシックインカムとはご承知のように、国民1人1人に一定額のカネを定期的に支給する制度をいいます。実際には、AI関連で莫大な収益を手にした企業から税金を吸い上げて、その財源に充てることになるでしょう。

AI長者もこれに対して文句はいえません。AIがせっかく安く生産した商品や農作物なども、世の中が貧困者ばかりでは売るに売れません。売れなければ、会社は倒産しますので、それを防ぐためには、企業の儲けの一部あるいは大部分を吐き出して、貧困者たちにカネを回すしかありません。そうすることで初めて経営が成り立ちます。

ベーシックインカムで暮らしていけるとなると日がな一日、何をしてすごせばよいのでしょう。するべき最低限の「仕事」は経済を回すために、配られたカネを使いきることです。貯金に回すなど、もってのほか。犯罪行為です。カネを稼ぐ必要がないのですから、何でも好きなことができます。たとえば生態系の回復のために植物を植えたり、無農薬の野菜をつくって近所に配ったりなど、それこそ社会貢献も心おきなくできるかもしれません。

AI技術の進歩のおかげで、人類史上初めて働かなくても食べていける時代がくる可能性があります。そうなったとき、労働＝善、労働＝美徳という、私たちのほとんどが疑いもしなかった価値観が通用しなくなります。これまでの価値観が通用しなくなれば、新しい価値観を自分自身でみつけなければなりません。

40歳をすぎたら、がむしゃらに働くだけではなく、ときには立ち止まって、これから先の社会や企業がどのように変わっていくか、それについての情報を集めて、自分の頭で考えることが大切です。これから先、きっと起きる社会の大きな変化に取り残されないためにも。

ソーラーパネルがやばい！

環境問題について、もう1つ指摘しておきたいことがあります。ソーラーパネルです。

クリーンエネルギーの担い手として華々しく登場した太陽光発電ですが、その多くがつくられてから10年以上がたち、ソーラーパネルの表面にはコケが生えたり、ホコリが付着してキズがついたりして、発電効率は低下するばかりです。

　コケやホコリを取り除いて、キズを修繕すればいいようなものですが、それには莫大な費用がかかりますし、それをしたからと発電効率が百パーセント元に戻るわけではありません。それなら、古いパネルをすべて取り外して、新しいパネルに張り替えたほうが安上がりですよ、という話にきっとなるはずです。そのほうが、利権に群がる業者たちは政府や自治体の補助金で大いに潤いますので。

　というわけで、5年後、10年後にはおそらくソーラーパネルの廃棄ラッシュが起きるでしょう。それらは産業廃棄物として処理されるわけですが、問題はパネルに含まれているカドミウムやセレンや鉛といった有害物質です。たとえばカドミウムという重金属は富山県の神通川《じんづうがわ》下流で大正時代以降、発生した公害病のイタイイタイ病の原因となった物質です。

　全国のあちこちで大量のソーラーパネルが破棄されるようなことになったとき、これらの有害物質をどう処理するつもりなのでしょうか。

　中には、あまり儲からなかったからと、太陽光発電から手を引く業者もいるでしょう。ソーラーパネルをすべて取り外したあと、荒地が残ります。しかし、たとえばそこを元のように農地に戻すにしても、長い期間、作物を植えていないのです。その間に土質が変わってしまっていて、農地に戻すには6～7年はかかるでしょう。

問題はほかにもあります。山などを切り開いてソーラーパネルをつくったのはいいけれど、その持ち主が死んでしまったらどうなるか。山には大した資産価値がないので、相続する人間がいないかもしれません。それ以前に、相続人が誰で、どこにいるのかさえ見当がつかないケースも考えられます。

相続する人間がいなければ、耐用年数が切れた大量のパネルが放置されたままで、かつて森林だったその山は巨大なる廃墟と化すわけです。

そもそもソーラーパネルを設置するとなると、何千本もの木を切り倒すことになります。しかし、木々は葉を茂らせ、その葉は二酸化炭素を吸収して、酸素を排出するのです。そんなことは小学生でも知っています。それなら、ソーラーパネルのために大量の木々を伐採するよりも、緑豊かな森林をそのままの形で残しておいたほうが、CO2削減のためには役立つかもしれません。細かいことをいうようですが、ソーラーパネルを工場でつくる過程でもCO2が排出されています。

ソーラーパネルの廃棄について考慮することもなければ、樹木の伐採によるマイナス面を計算に入れることもなく、ただCO2削減を錦の御旗として、あとさき考えずに突き進んでいるのが、今の環境行政といえるでしょう。

社会が抱えるさまざまな問題について考え、知ることは、その人個人の生活や行動を変えるきっかけになりえます。たとえば、ソーラーパネルに有害物質が含まれていることを知った人の多くは、自宅の屋根にソーラーパネルを設置することをためらうでしょう。知り合いから相談されたときにも、廃棄するときのカドミウム汚染の問題点について語ることができ、すると、それを知った人たちも多くは設置を思いなおすかもしれません。

社会を構成する一員である、自分という個人の行動の変化は、ときにはごく少数の身近な人たちも巻き込むことで、社会にほんの少し変化をもたらすはずで、これも立派な社会貢献といえます。

このように、社会運動やボランティアに参加しなくても、個人レベルでできることがあるわけです。その第一歩となるのが、社会問題に興味・関心をもって、自分で勉強し、自分の頭で考えることでしょう。

第5章　「かけがえのないあなた」を承認するために

かけがえのない「自分」を生きる

母親の卵子と父親の精子の染色体の組み合わせは、最小でも約70兆通りにもなります。この70兆通りもの組み合わせの中からたった1つの組み合わせが選ばれて、あなたという人間が誕生しました。自分と同じDNAをもつ人間はあとにも先にも1人としていません。最近の研究によれば、一卵性双生児のDNAも実はまったく同じではないようです。あなたは唯一無二の存在です。

人間の体は37兆個もの細胞からできています。37兆個の細胞はそれぞれに割り当てられた役割分担のもと、たとえば、肝臓の細胞は、肝臓に特有の遺伝子を発現させ、脳細胞は脳に特有の遺伝子を発現させ、それぞれの細胞がみずからの役割を果たしながら、全身のあらゆる器官や組織を動かしています。

37兆個もの細胞からなるこの複雑かつ精妙なシステムは破綻することなく日々、休みなく働き続けているのですから、奇跡としか思えません。

唯一無二の存在であり、かつ、奇跡のようなすばらしいシステムを内蔵しているのが、あなたという人間です。だからこそ、かけがえのない存在であり、だからこそ、自分の生き方は自分で決めなければなりません。つまり、大切なのは、自分自身を承認しながら、「自分を生きる」ことです。

自分を生きるには、依《よ》って立つべき規範というものが必要となります。それは、社会や世間や企業や親などから借りてきたものではない、自分に固有の規範でなければなりません。つくるのは、もちろんあなたです。あなたのほかにつくれる人はいません。自分の頭で考えて、1つ1つつくっていきましょう。

こうして自分だけの規範をつくりあげて、その規範に則って生きることを重ねているうちに、日常のささいなことから重大な案件まで、自分の頭でまず考えてから行動するという「習慣」が身につくでしょう。みんなの行くほうへただついていくのではなく、自分で考えて行動するという習慣です。そして、この習慣がいざというときに物をいうこともあります。

2011年3月11日、東日本大震災の大津波により、宮城県の石巻市立大川小学校で70人以上もの児童の命が犠牲となったあの「事故」を覚えていますか。

自分の命は自分で守る

大川小学校の児童たちは先生のいうことを聞いていたのに、いえ、聞いたために命を落としたのです。西條剛央《さいじょうたけお》『クライシスマネジメントの本質――本質行動学による3・11

大川小学校事故の研究』（山川出版社）に事故の経緯が詳しく解説されています。

あの日、午後2時46分から6分間以上の激しい揺れが収まると、1年生から6年生まで103人の児童たちは、教師の指示どおりヘルメットをかぶって校庭へ出て、整列させられ、教師の点呼を受けました。校庭への避難の途中で一部の児童は裏山に向かいましたが、6年の担任に連れ戻されました。保護者に引き取られた児童を除き、気温1・6度。寒空のもと、児童たちはそのあと50分ものあいだ、校庭にい続けたのです。

その間、校庭の隅の防災無線からは2回にわたり大津波警報の発令を知らせています。それでも、教師たちは避難場所を決められません。小学校のすぐ裏には山があり、そこへ逃げることを主張した教師もいましたが、裏山が崩れる危険を指摘する教師たちもいて、ようやく避難場所が決まったのは、大津波が襲うわずか数分前でした。しかも、避難場所は裏山ではなく、北上川の堤防のそばにある道路だったのです。教頭は「走らず、列をつくっていきましょう」といったそうです。

児童たちが住宅地の細い路地を歩き始めたとき、轟音とともに黒い水がすさまじい勢いで迫ってきました。そのとき、5年生の只野哲也さんは咄嗟《とっさ》に列から離れ、みんなとは逆の方向へ、裏山をめざして全力で走りだします。山の斜面を必死で駆け上がり、途中で濁流に飲み込まれて土砂に埋まってしまいますが、冷蔵庫にしがみついて助かった同級生にみつけられて救出されます。
津波来襲時に学校の管理下にいた76人のうち助かった児童はわずか4人。72人の未来が永遠に失われました（それ以外に欠席の児童1人と早退の児童1人が亡くなっています）。生き残れた4人のうちの1人、只野さんは最終的には教師の指示に従わず、自分で判断して行動したからこそ奇跡的に助かったのでした。

あの日、大川小学校とはまったく逆の行動をとったのが、岩手県釜石市内の小中学校です。児童・生徒たちは、津波に何度となく襲われてきた三陸地方に伝わる「津波てんでんこ」という教えに従って動きました。「てんでんこ」とは「各自、めいめい」という意味で、津波てんでんこは「津波がきたら、家族のこともかまわず、てんでばらばらに高台へ逃げて、まずは自分の命を守れ」という教えです。

釜石市内の小中学校では災害社会工学者の片田《かただ》敏孝《としたか》・群馬大学教授（現・名誉教授）の指導のもと8年間、津波てんでんこに基づいて避難訓練を続けてきました。その結果、東日本大震災で大津波に襲われたにもかかわらず、市内の合計約3000人の児童・生徒のほぼ全員が助かったのです。生存率は99・8パーセントでした。

8年間の訓練によって、高台に逃げるということが徹底されていたこととともに、「みんなと一緒」とは真反対の「てんでばらばら」が、つまり、各人が自分自身で考え、判断して行動することの徹底が、多くの命を救ったのでした。

地震が発生したとき、釜石東中学校の副校長は校庭に出てきた一部の生徒たちが整列しようとしたのを見て、「点呼などするな、逃げろ、避難所へ走れ」と叫んだそうです。

ところが、標高約10メートルの避難所の福祉施設は、地震によって裏の崖が崩れそうでした。そこで、中学生たちは自分たちで判断して、さらに約400メートル先の、標高30メートルの高台にある介護施設へ移動したのです。

その後、津波は20メートルの高さとなって、最初の福祉施設に襲いかかり、施設を飲み込みました。中学生たちがみずから判断を下さなかったら、その施設で何人もの若い命が失われていたことでしょう。

40代をすぎた大人たちもマジョリティの「みんなと一緒なら安全」という意識は捨てて、マイノリティの「てんでんこ」を胸に生きていきたいものです。それが自分なりの規範を掲げて生きるということでもあります。

日常生活を律する規範

では、規範は実際にはどのようにつくればいいのでしょう——。

第1章で述べたように、つくった以上は守ること、不都合な箇所が出てきたら修正を重ねて「更新」すること、そして、ときどき規範から逸脱すること。自身に固有の規範をつくるときには、この3点をまずは頭に入れておきましょう。そして、次の3つの要素に分けると、つくりやすいかもしれません。

1　日常生活を律する規範
2　人生の目的や目標を定める規範
3　他人との関係をどう構築するかという規範

1の「日常生活を律する規範」について。これはもっとも基本的な規範です。生物学的規範といってもよく、くりかえしと循環に基づく生活のリズムをつくりだす規範です。何らかの規範なしでは、生活がデタラメになってしまうのが人間です。どのような規範であれ、自分でこうする、これはしない、と決めて守れば、日々の生活にリズムが生まれます。

早寝、早起きをしよう、朝食はかならず摂ろう、毎朝イヌの散歩をしよう。何でもかまいません。ぼくの場合は、「酒は夕方の5時までは飲まない」も規範です。むしゃくしゃすることがあって、朝から飲みたくなっても、自分で決めた規範だから、がまんできます。

先日、古い友だちが酒をぶら下げてやってきました。「今、何時だ？」「まだ2時だよ、でもせっかくだから飲むか」。規範を破って、昼間から飲んだ酒のうまかったこと。小さなエクスタシーでした。毎日のように昼間から飲んでいる人間には、2時に飲みはじめたからといって、このエクスタシーは得られません。エクスタシーをわがものにするためにも規範は必要です。

定年になってからは、風呂場の掃除は自分がやる、と決めています。前にも自慢したように、わが家の風呂場はカビひとつ生えていません。ピッカピカです。昨日はテレビ局からの帰りが遅かったものだから、さすがに「面倒くさいな」と思いながらも、最後の力をふりしぼって天井まで拭きあげました。終わったのは夜中の12時10分。そのあとは、もちろんビールを開けて飲みました。

月に2回、メールマガジンに記事を書いています。これもぼくの規範です。これがなければ食えないというわけではないけれど、ボケ防止にもなりそうです。風呂の天井を拭くのも、原稿を書くのも「面倒くさいな」と思うこともありますが、少し面倒くさいことを日々、やり続けることが、人が生きるということかもしれません。最近は「池田清彦の森羅万象」と題してYouTubeとVoicyもやり始めました。これは多少負担過多なので、あまりしんどいようでしたらやめるかもしれませんが、今のところまだＯＫです。

金沢城に棲みついていたヒキガエルは1年間にたった55時間しか働きません。春には少しがんばって、5日(25時間)ほど繁殖活動をしますが、あとはエサを捕るとき以外は何もしないで寝ています。このような「怠惰な」生活が可能なのもカエルが変温動物だからです。

われわれ人間は恒温動物だから、外界の気温が下がったら、体温を一定に保つためにつねに食べて、エネルギーを産生する必要があるので、毎日エサを捕るために働かなければなりません。ところが、変温動物のカエルはまわりの気温が下がれば、体温も下がります。体温を上げる必要がないので、頻繁に食べなくてもよく、エサをとるためにあくせく働かなくてもいいのです。そのうえ、カエルは冬眠します。冬眠中に極端に代謝を落とすことによって、エネルギー消費量をさらに低下させられるのです。

体温を一定に保つために多大なエネルギーを必要として、また、冬眠もできない人間はもともと、エサを求めて働き続けなければならないようにできています。人間は活動するように設計されていて、何もしないことに苦痛を覚える生きものなのです。

そのうえ、大きな前頭葉というやっかいなものがあります。ヒマになると、前頭葉が余計なことを考え始めて、「おれの人生は何だったのか、何のために生きているのか、これから先、どうなるのか」などと来し方行く末に思いをはせて、気分が沈んできたりするわけです。

ネコやイヌなどもある程度の年齢になると、日がな一日、何をするでもなく寝そべってすごすようになります。人間から見ると、何もすることがなくて気の毒な気もしないではありませんが、彼らは何もしないですごすことに苦痛を覚えたり、焦りや不安を感じたりすることなど皆無です。

もともと活動するようにできているうえに、暇になると前頭葉があれこれ考え始めるとなると、人間はやはり、風呂掃除でもなんでもいいから、何かしら「仕事」をしているほうが、心の安定が得られるようです。

小刻みに目標を設定する

次に、2の「人生の目的や目標を定める規範」について考えてみます。

ヒキガエルは目的をもって生きているわけではありません。「子孫を残すことが目的でしょ」というかもしれませんが、生物が子孫を残すのは自然にそうなっているだけで、自然現象にすぎません。自然現象に目的や目標といったものはありません。

生物としての人間にも生きる目的などはありません。生まれて、成長して、セックスをして、子どもをつくって育てて、やがて老いて死ぬという自然現象を生きているだけです。しかし、個としての人間の多くは、人生に目的や目標を立ててしまいます。人間は「なんとなく生きる」というのが苦手で、目的や目標を設定したほうがうまく生きられるからです。

75歳のぼくはこれ以上、健康になることも、これ以上、賢くなることもたぶんありません。頭打ちの状態からなるべく衰えないようにしようと思うだけです。未来などほとんどないようなものだから、ごくごく近い未来、つまり、目の前の仕事をこなしては、終わらせて、次の仕事に移る。こうして小刻みな目標を立てては達成しながら生きています。

たとえば、目の前に依頼された雑誌の〆切間近の原稿があれば、うららかな春の日、花見に出かけたくなっても、がまんしてせっせとパソコンに向かって書き上げるわけです。小さな目標であっても達成できると、人は多少の充実感と満足感が得られます。それは、欲望を解放するひとつの典型的なパターンです。ぼくはそれからまた、目の前に降ってきた仕事をこなしていく。このくりかえしを目標に生きることも、ぼくの規範の1つです。

敬愛する哲学者、今村仁司《いまむらひとし》は65歳のとき、がんで亡くなりました。死期をさとってからは、頼まれていた原稿を書き終えることが、生きる励みになっていたようです。彼はすべての原稿を書き終え、すべての校正をすませると、編集者に、

「とりあえずの義務はすべて果たした。これから病院へ行く。さようなら」と最後のメールを送ったといいます。

やらなければならない仕事をやらないまま終わっては、浮世の義理が果たせない——。これが彼の生きる規範だったのでしょう。

ところで、世の中には生きる目標も目的もなく、何もしないでも楽しく生きられる人もいます。彼らは食うために最低限働いて、あとは四季折々の自然の移ろいを愛《め》でながら、ただボーっと無為な時間をすごし、それでも少しも痛痒《つうよう》を感じません。金沢城のヒキガエルと同じで、最低限しか働かないから地球環境への負荷も最低限です。他人を押しのけるような生存競争とも無縁です。彼らこそ人生の達人です。

しかし、達人になれない、大多数の愚か者は生きる目標や目的なしには、幸せになれません。凡夫には金沢城のヒキガエルのような賢い生き方ができないのです。ですから、「人生の目的や目標を決める規範」をつくって、がんばるしかほかに術がないようです。

がん検診は受けない!

ぼくの人生の目標の中には、「がん検診を受けない」という規範もあります。40代の頃はがん検診をときどき受けていましたが、50代になってからは、一度もがん検診を受けたことがないし、これからも受ける気はさらさらありません。

世間では、検診によって早期発見できれば、早期に治療ができて、がんから生還できる可能性が高まると信じられているようです。実際、がんと診断された人の治癒率は以前よりも上がっていますし、多くの医者が、これをがん検診の普及による成果だと胸を張ります。

けれど、そこにはいわゆる数字のマジックがあるのです。どういうことか。

がんには次の3種類があります。

①　自然に消えてなくなるもの。
②　進行しないか、進行してもその速度がきわめて緩慢なもの（一生涯、共存できる）。
③　悪性度が高くて、命を奪う可能性がきわめて高いもの。

最新の高度な検査機器の威力はすさまじく、①や②のがんも見落とすことなく、めざとく見つけてきます。放っておいても命を落とすことのない①②のがんまで見つけだしては治療し、完治または寛解したものとしてカウントするのですから、治癒率が上がるのは当然です。

しかも、治癒率が上がっているのに、がんによる死亡者数は減っていません。なぜなのか。それは、命を奪うような悪性度の高い③のがんは治せていないからです。残念ながら、悪性度の高いがんについては、現在のところ有効な治療法が確立されていません。そのため、たとえ検診で早期に発見しても、治る見込みは薄いのです。

つまり、がんで死ぬかどうかは、早期発見したかどうかではなく、その悪性度によって決まるといっても過言ではありません。身も蓋もないいいかたをすれば、早期に発見しようがしまいが、死病のがんでは死ぬ、死なないがんでは死なないわけで、ぼくが、わざわざ危険な放射線を浴びてまで面倒ながん検診を受ける気になれないのもそのためです。

ぼくががん検診を受けないあともう1つの理由は、がん検診が生活の質、つまり、QOL（Quality Of Life）を著しく低下させるからです。

がん検診を受ける前は誰でも多かれ少なかれ、がんがみつかったらどうしよう、と不安になります。しかも、高性能の検査機器が「運悪く」がんを見つければ、医者から「あなたはがんです」と告げられるわけです。ショックを受けない人はいないでしょう。

そして、がんがみつかれば、たいていの人は手術や抗がん剤による治療を受けます。手術後は傷跡が痛むし、たとえば胃を部分切除したあとなど、しばらくは食事も文字どおり喉を通らないし、喉を通ったあとに吐いたりして辛い想いをしなければなりません。抗がん剤の治療も大変な苦痛を伴います。

こうした大きな犠牲を払って、一命をとりとめたとします。そして、5年間、再発や転移がなければ、完治または寛解したとみなされて、無罪放免となるわけです。しかし、この5年間もストレスの連続です。初めのうちは半年に1回、次に1年に1回、検査を受けて、再発や転移がないか調べなければなりません。そのたびに「もし再発していたら……」とどれほど不安なことでしょう。こうしたストレスフルな日々が続くわけです。

ましてや、再発がみつかったら、そのショックの大きさは最初にがんの宣告を受けたとき以上だと聞きます。

細胞に突然変異が起きてがん細胞になり、それが100万個のがん細胞のかたまり（直径約1ミリの大きさ）になるまでにはふつう10年ほどかかります。たとえば、肺がんなら関連する遺伝子が7〜8個あり、そのすべてが変異したときにがんが発症し、そして、直径1ミリの大きさになるまでに10年ほどかかるわけです。しかも、歳をとるにつれて細胞分裂の速度は遅くなりますので、がんの進行も一般的にはゆっくりとしたものになります。

70代にもなれば、がんがみつかっても死ぬまでに5年や10年かかることも珍しくありません。ほかの病気にかかって、そっちで先に死んでしまうかもしれません。

がん検診など受けなければ、がんはみつかりません。がんを宣告されることもなければ、宣告されたときの不安や恐怖も、手術や抗がん剤の辛さも、幸運にも治癒したとしても治癒にいたる5年間のスッタモンダも、すべてなくてすみます。知らぬが仏とはこのことです。

がん検診を受けなければ、自分ががんであることを知らないから、「何か疲れやすいけれど、歳だからしようがねえや」などとぼやきながらも旅行をしたり、仕事をしたりして、楽しく活動的にすごせます。QOLの高い人生とはこのことです。

で、とうとうだるくってしようがない、変だ、となって初めて病院へ行ったら、「膵臓《すいぞう》がんのステージ4でした」というのが、ぼくには理想です。ステージ4なら、緩和ケアなど受けながら、半年ほど苦しめばあの世に行けるでしょう。がん検査を受けて5年前にがんがみつかりでもしていたら、目も当てられません。5年間も苦しんで、その間、QOLは低下しっぱなしです。

とはいえ、若い人は早期がんがみつかったら、さっさと手術で除去するという選択肢もあるでしょう。がんの増殖過程で転移性のがんに移行する可能性もまったくないとはいえないからです。また、白血病や悪性リンパ腫などの「血液のがん」では抗がん剤がよく効き、白血病では骨髄移植によって生存率はさらに上がります。ただし、骨髄移植は体への負担も大きいため、60歳以上の人ではむずかしいかもしれません。

少し無理しても「新しもの好き」になる

生物の進化は不可逆的です。いったん人間に進化してしまった者は、チンパンジーに戻ることはできません。そして、私たちがつくりだした文明もまた、ほぼ不可逆的で、進歩してしまった文明がもとに戻ることはめったにありません。たとえば、スマートフォンが普及した今、われわれはスマホのない時代には戻ることはまず考えられません。

文明はこれからも、さまざまな新しいテクノロジーを次々に生み出すことでしょう。この流れを止めることは誰にもできません。それが現実である以上、四の五のいわずに、新しい潮流に面白がって乗っかって、現代文明の恩恵に与るに限ります。これもぼくの規範のひとつです。

新しいＩＴや最新ソフトを面白がって始めてみれば、結構楽しくなります。せっかく生きているなら、楽しいほうがいいに決まっています。

40代を超えるあたりから、新しい技術に対する苦手意識が生まれてくるようです。このことは、脳の衰えとも少なからず関係していると思われます。つまり、情報を処理する能力や環境の変化に対応する能力は20代がピークで、それ以降は下降線をたどります。そのため、中高年ともなると、新しい機器の操作法を覚えるのに手間取ったり、新しい環境に対処するのが億劫になって、「アカウント」などという言葉を聞いただけで、「無理、無理。使う必要ないし」と、苦手意識と拒否反応とで腰が引けてしまうのでしょう。

ところが、いくつになっても新しいことに挑戦している人の脳は、新鮮な刺激をつねに受けることになり、若々しさを保つことができます。新しい機器を使いこなそうと、チャレンジしている人たちはいつまでも若々しいし、いつまでも若々しい人たちは、がんばって新しい機器を使いこなしています。

「新しいものには近づかない」などとほざいていると、世の中からだんだん取り残されていき、下手をすると将来、昔の話ばかりくりかえす偏屈で、ひがみっぽい老人にもなりかねません。そうならないためにも、40代をすぎたら意識して「新しもの好き」になることです。これも、あなたの規範に入れてみてはどうでしょう。

「Ｚｏｏｍなんかできない、いやだ、やらない」とさんざん逃げ回っていた知人が、必要に迫られて、姪に教わったところ、ものの10分ほどでできるようになったと威張っていました。それも、パソコンを前にスマホで操作法を教えてもらっただけだそうです。今では友人や親戚の面々と、「会議」と称して世間話を楽しんでいると聞きます。

Ｚｏｏｍひとつにしても、できるようになったらその成功体験が自信となって、次にまた何か新しいものに挑戦したくなるものです。「食わず嫌い」はやめて、とりあえず新しい機能や機器にさわってみる、トライしてみることが大切でしょう。

手始めに、電子書籍を使うのもおすすめです。本好きに限って「本は紙じゃなくちゃ」と電子書籍を避ける傾向にあるようです。子どもの頃から親しんできた紙の本への愛着はよくわかりますが、それこそ食わず嫌いはやめて、電子書籍を一度は試してみるといいでしょう。新聞の読書欄などで見つけて、「読んでみたい！」と思ったら、スマホをちょこちょこっといじって、その5分後にはダウンロードが完了して読み始められます。液晶画面の文字にもじきに慣れるでしょう。私は仕事のために必要な本はフセンを貼ったりするので、楽しみのために読む本以外は紙の本を読んでいますけどね。

私もYouTubeやVoicyをやっています。もっとも私はしゃべるだけで、撮影や編集は息子たちにやってもらっていますが。それでも、自分の考えていることなどを不特定多数の人たちに向けて簡単に届けられるのでなかなか楽しい気がします。ＩＴが使えれば、新しい世界が開けるのでぜひ試してみて下さい。

操作の仕方は子どもや孫など若い人たちに習うのが一番。誰かにちょっと教えてもらうとラクにできるようになりますし、子どもや孫とのコミュニケーションも深まるというものです。

人間関係について君子、淡き〜

最後の「他人との関係をどう構築するかという規範」に進みましょう。

多細胞生物に進化できたのは、細胞分裂のとき、細胞同士が接着できるようになったためです。接着できなければ、分裂時にたがいに離れていき、独立した個体になってしまいます。接着が可能になった生物は別々の個体に分かれることなく、それぞれが同じ個体の一部として生きることになって、多細胞生物が出現したわけです。

ただし、接着しても分裂した細胞は、独立した一個の細胞としてしばらくは生きていきます。

各細胞は自身の独立性を保ちつつ、なおかつたがいに協力し合いながら1つの個体の中で共同生活を営んでいるのです。また、新型コロナウイルスなどに感染した細胞がいると、免疫機能がその細胞をウイルスもろとも殺します。危険な細胞を排除することで、みずからの個体を守ろうとするのです。

人間は細胞ではありませんが、個で独立しながら他者と共同して生きるという点では細胞同士の関係と似ています。ただし細胞は個体の生存の犠牲になりますが、人間の個体は集団の犠牲になってはいけません。それが細胞と個人の決定的な違いです。人間の個人の場合はときどき一緒に仕事をしたり、お酒を飲んで楽しんだりして、また離れていく。これが、つかず離れずの、適度に距離を置いた、いい関係だと思います。「君子の交わりは淡きこと水の如し」がよろしいようで。

ぼく自身も、親しい友人であっても、しょっちゅうメールや電話で連絡をとりあうようなことはありません。そういうベタベタした関係は好みではないのです。それでも、何かあったときにはおたがいのことを親身になって考えるし、役に立ちたいと願うような仲だと思っています。

人間関係で最悪なのが、強力な権力を手にしてほかの人間を大量に殺す輩です。社会の免疫機能が働いて排除することができればいいのですが、いつの時代もうまくいったためしがないようです。

極悪非道な権力者とはさすがに比較できませんが、自分と相手を同一化してしまう人間も困りものです。とにかく度を越えた親密さを求めてくる人間がいます。これをされると、相手がたとえ恋人であっても疲れるはずです。

気の合うヤツもいれば、気の合わないヤツもいます。40歳をすぎたらもういい加減、気の合わないヤツとつき合うことはやめたほうがいいでしょう。気の合う相手とだけ食べたり飲んだり遊んだりすれば、人生はずっと楽しくなります。

妙な配慮や忖度はやめにして、気が合わなかったり、疲れたりする相手とはつき合わない。これもぜひ加えたい規範です。

では、もっとも近しいはずの家族とはどのような関係がよいのでしょう。相手が家族だと、親しいだけについ遠慮がなくなってしまいますが、家族の構成員にも人それぞれのプライドがあるのですからそれをなるべく傷つけないようにしたほうがいいと思います。

トキソプラズマの袋小路的生き方の逆をいく

トキソプラズマという原虫がいます。ネコ科の動物の腸内で有性生殖をして糞の中にオーシスト胞子を出します。ネズミがこの胞子を飲み込むとネズミの脳や筋肉に入り込み、シスト（嚢子《のうし》）をつくって無性生殖で増殖するのです。ネコがこのネズミを食べるとこのシストが有性生殖をおこない生活史が廻《まわ》ります。有性生殖をおこなえないと種として長く存続できないのです。トキソプラズマに感染したネズミはネコを恐れなくなり、ネコに食べられやすくなります。トキソプラズマがネズミの脳を操作して大胆な行動を取らせるのです。トキソプラズマはネコの腸内に入るために、ネズミがネコに食べられやすいようにネズミの脳を操作するのです。

また、トキソプラズマは人間に感染すると、人間の脳も操作するようです。

トキソプラズマには世界人口の3分の1の人たちが感染しています。ふつうは免疫系に

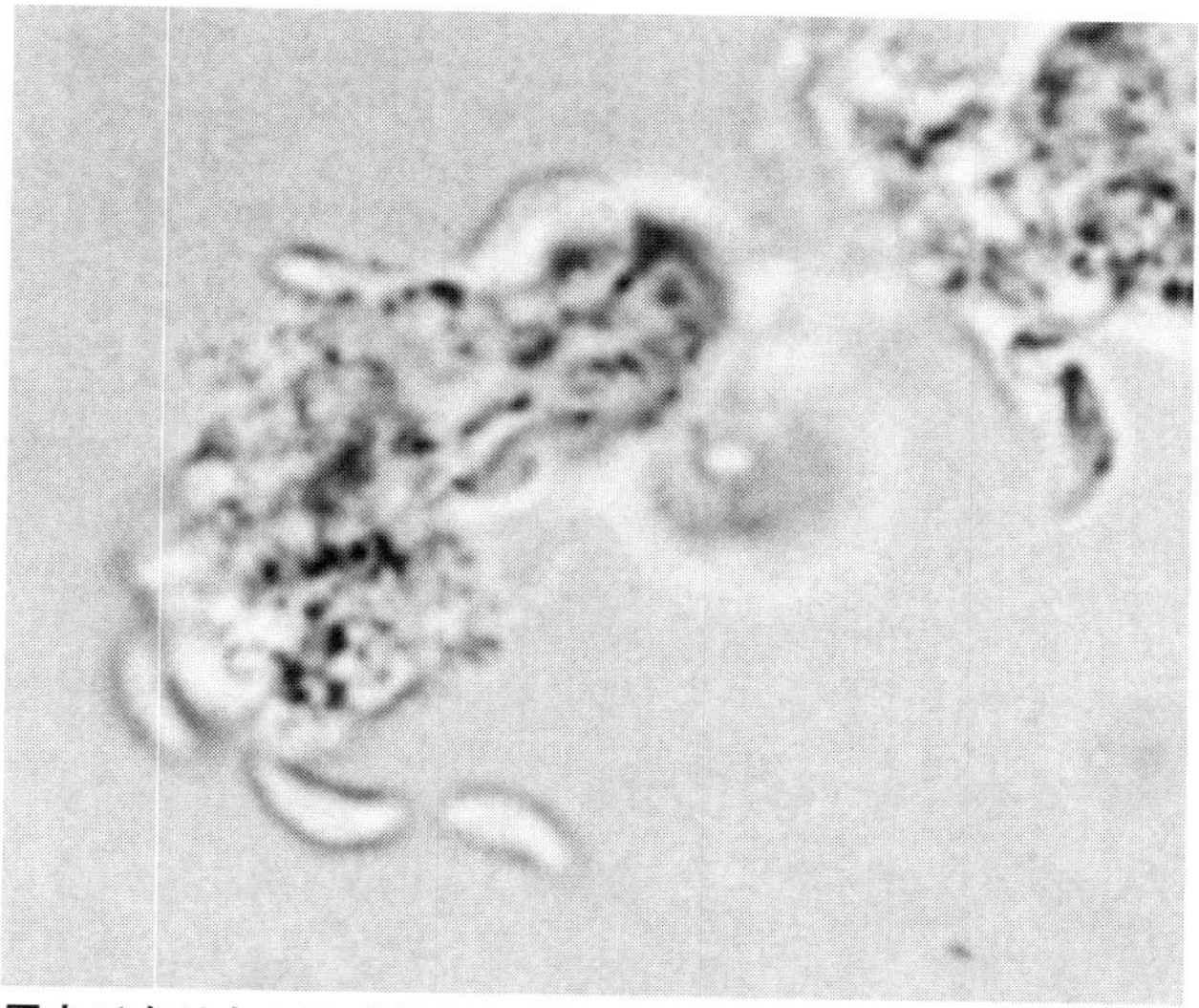

原虫でありながら感染した動物の脳を操るトキソプラズマ。

よって抑え込まれるため、症状もなく問題はありません（妊婦さんが感染した場合、胎児に障害が出る危険性がありますので注意が必要です）。免疫力で封じ込められるわけですが、ただ、脳に入ると人間のことも操《あやつ》るようなのです。

ヨーロッパで同じような年齢や職業、収入、社会的地位の人たちを集めて調査をしたところ、トキソプラズマに感染している人たちの交通事故を起こす割合は、感染していない人たちの2・7倍にもおよぶという結果が発表されています。感染者は怖さも忘れてスピードを上げたままカーブを突っ走るようなことをしてしまうのでしょう。

ベンチャー企業を起こす人たちにはリスクを恐れずに勝負に出る勇気が必要になるはずです。彼らのかなりの割合がトキソプラズマに感染しているのかもしれません。

それはともかく、トキソプラズマは原虫でありながら、感染した動物の脳を操るという非常に高度で複雑な進化を遂げた生物といえます。

ただし、ネコ科の動物の腸内でしか有性生殖ができないのは特殊化しすぎているともいえます。

ネコだけに限定しないで、イヌやブタ、ウシなど、どの動物の腸の中でも平気で繁殖できるようなテキトーな生き方のほうがラクだったはずです。しかし、一度進化を果たしたら後戻りはできません。トキソプラズマは磨き上げた高等な技術を手に、これからも袋小路で生きる以外にありません。これはスペシャリストの生き方です。

人間もトキソプラズマのように狭い領域だけで特殊化して生きている人と、適当にいろいろなことができる人とがいます。ある1つの技術や手法を極めている専門家は称賛に値しますし、なにより頼りがいがあります。本人にとっても「その道のプロ」であることは、生きていく上での誇りと自信につながっているはずです。

ただし、社会はめまぐるしく変化しています。とくにＡＩの進歩には目を見張らされるものがあり、すばらしいプロの技術もいつなんどきAIにとってかわられるとも限りません。そこで、自分が「絶滅」しないためにも40歳をすぎたら、そろそろ専門分野以外にも目を向けて、興味を惹かれるものがあったら、やってみるのもいいでしょう。社会が激変したときに思いがけずあなたを救うことにならないとも限りません。

特殊化や専門化を少しずつ脱して、どんなところでもテキトーに生きられる柔軟さと幅広さを身につける。40代、50代になったら、そのための準備を、少なくとも心の準備だけでも始めておくといいかもしれません。

多くの人は、20代、30代では仕事や子育てにだけまっすぐに目を向けてがんばってきたかもしれません。そろそろ「ユルユル」「テキトー」を視野に入れつつ、将来のおもしろい人生への準備にとりかかってはどうでしょう。トキソプラズマ的な袋小路に入り込まないためにも人生の幅を拡げることは必要です。

40代、固有名詞が出てこない

40代以上になると、多くの人が老いを感じるようになります。

細胞分裂のたびに染色体の末端についているテロメアが短くなって、50回のヘイフリック限界に近づいていき、また、細胞分裂の速度が遅くなるため、細胞の損傷や細胞内の老廃物は蓄積されていきます。ある時点で分裂をやめてしまう脳や心臓、神経の細胞には寿命があります。人間の体は37兆個の細胞でできていて、それらの細胞たちがこのように徐々に劣化して死に向かう過程が老化です。

老化は自然現象であり、自然現象であるなら受け入れるしかありません。

「あの俳優の名前、何だったかなあ、ア、カ、サ、タ……」などと、ア行から順番に名前の手がかりを求めていくといった経験があるかもしれません。これも老化現象の1つです。

脳には過去の記憶が詰まった「長期貯蔵庫」という場所があって、そこには膨大な数の固有名詞も貯蔵されています。私たちは必要に応じてその貯蔵庫の固有名詞の棚から特定の人名を瞬時に引っ張り出しているわけです。名前を引っ張り出すときには、映画俳優→アカデミー賞受賞者→○○の作品の出演者、などというふうに範囲を狭めながら猛スピードで「検索」をかけて、必要な名前に行きつきます。

ところが、この検索能力が年齢とともに低下してくるのです。膨大な数の固有名詞をうまく検索できないため、必要な名前を引き出すのにひどく手間取ります。ア行から順番に手がかりを求めるというのは、自分なりの仕方で検索能力の低下を補おうという試みといえるでしょう。

しかし、検索能力は低下しても、長期貯蔵庫から消えたわけではありません。道でばったり会った小学校の同級生の名前が出てこなくても、風呂に入っているときなどに突然、思い出すといったことが起きるのもそのためです。

固有名詞が出てこないのは、検索能力の低下以外に、もう1つの原因があります。歳をとるにつれて「エピソード記憶」があまりに多くなりすぎて、長期貯蔵庫の中でも整理がつかなくなっているのです。

生物や歴史などの知識にかんする記憶は、意識して覚える記憶（意味記憶）です。これに対して、エピソード記憶は実際に自分が体験したことの記憶を指します。体験したことは覚えようと意識したわけではないのに、その場所や時、そして、ときには感情までも記憶として残ります。

40年以上も生きていれば、いろいろなことをいやというほど経験してきたはずです。それらの経験のめぼしいものはすべてエピソード記憶となって、長期貯蔵庫に蓄えられるのですから、その量は膨大なものとなります。

うしろめたさと、なつかしさの入り混じった不倫の記憶なんてものも人によってはあるかもしれません。ほとんどの人たちの長期貯蔵庫の中には、他人にはいえないような記憶も詰まっているはずです。

整理するにはあまりに多すぎるエピソード記憶の数々がひしめき合い、それらは固有名詞の棚をも侵して、そのスムーズな検索を阻んで、固有名詞が出てこないという現象を引き起こすわけです。すなわち、固有名詞が出てこないということは、いいも悪いも含めてさまざまな経験をしてきたことの証であり、さらに、経験の量が豊かさを生むとしたら、固有名詞が出てこないことは、その人が豊かな人生を送ってきたことの証ともいえるでしょう。

アルツハイマーは神様の最後の贈り物？

固有名詞が出てこないのは、生理的な老化ですが、アルツハイマー病は脳の病的な変異で起こります。つまり、老化ではなく病気です。アミロイドβというタンパク質のゴミが脳に溜まることが原因とされ、その量がある閾値《いきち》を超えると、アルツハイマー病を発症すると考えられています。ところが、最近、アルツハイマー病は歯周病菌による感染症である可能性が指摘されるようになりました。

実際、アミロイドβが大量に溜まっているのに、アルツハイマー病を発症しない人もいますし、また、アミロイドβを除去する薬がいくつか認可されていますが、それを服用してもほとんど効果が見られません。

また、九州大学と北京理工大学との共同研究チームが、マウスの腹部に3週間にわたり、歯周病菌を直接投与して感染させたところ、脳細胞へのアミロイドβの蓄積量が10倍に増えたというのです。このようなことからも、アルツハイマー病は歯周病菌による感染症ではないかという説が有力視されているわけです。

もしもアルツハイマー病が感染症だとしたら、原因菌を叩く抗生物質をみつければいいのですから、治る希望がぜんわいてきます。現在、40代、50代、60代の人たちがアルツハイマー病にかかる年頃には、それが治る病気になっている可能性もあります。

現在はまだアルツハイマー病を治す薬はありません。ただ、アルツハイマー病にたとえなったとしても、救いはあります。この進行性の病気は最終的には前頭葉も損傷しますので、ほかの動物と同じように、死の恐怖から自由になれるのです。しかも、おそらく痛みを感じる脳の神経細胞も徐々に死滅するため、たとえがんにかかっていても痛みに苦しむことがさほどなくてすむようです。それが証拠に、アルツハイマー病にかかっているがん患者では、痛み止め用のモルヒネを要求する頻度はアルツハイマー病にかかっていないがん患者に比べ低いことがわかっています。

死の恐怖と痛みから逃れられるのですから、アルツハイマー病は神様がくださった最後のご褒美かもしれません。

有限だから輝く命

バクテリアは何回、分裂をくりかえしても、原則的には死にません。乾燥や高温などが長期間続いて、死に絶えることはありますが、そのような「事故」で死ぬ以外は、生き続けられる細胞系列は老化することはなく、したがって、バクテリアには老衰による死というものは存在しません。バクテリアが進化して2nの生物になったことで、生物は死を獲得したのです。

先に、アポトーシスについて述べました。アポトーシスとは「プログラムされた細胞死」です。細胞を「殺す」ことで手足の指をはじめ体のさまざまな部分の微妙なる形をつくりだし、脳のシナプスの刈り込みもおこない、また、がんになりそうな細胞やウイルスに感染した細胞を殺すこともします。

アポトーシスは多細胞生物の生存のための必須アイテムであり、アポトーシスという機能がなければ、多細胞生物はただの細胞の塊にすぎません。つまり、アポトーシスという死ぬ能力を獲得することで、多細胞生物は生きられるようになったのであり、人間もまた自分の身に「死」を内包しつつ、日々を生きているわけです。

死と引き換えにこのすばらしいシステムを獲得したのですから、そのうえ、不老不死でいたいなどと考えること自体、図々しすぎます。死にたくないのなら、アメーバか大腸菌か、がん細胞になるしかありません。

もし多細胞生物に死ぬ能力がなかったとしたら、地球上の食物という資源は生きている生物に全部使われているはずで、今の私たちは生まれてくることすらできなかったでしょう。そもそも永遠の命があれば、セックスをして子孫をつくる必要もありません。それに、いつまでたっても死ねないとなれば、それこそ死ぬほど退屈になるに決まっています。

頭ではそれがわかっていてもなお、私たちは死を恐れています。死が怖くてなりません。がんで余命を宣告されて恐ろしさのあまり、自殺を考える人もいるほどです。ぼくも、もちろん死は怖いし、正直にいえば、死にたくはありません。

では、なぜ私たちは死をこれほどまでに恐れるのでしょう。1つには、死ぬ前に激しい痛みや苦痛に襲われるかもしれないことが怖いのだと思います。多くの人が「ピンピンコロリ」で、一瞬のうちに死にたいと願うのもそのためでしょう。

しかし、それだけではありません。死んだあとのことがわからないことへの恐怖心があります。この世には死を経験した人は1人としていません。生物は境界に囲まれた生物固有のルールが維持できなくなったとき、物理化学のルールにのみ従い、無生物の物体に変わるわけです。しかし、それがわかったからといって、死の恐怖は消えません。

宗教を信じている人たちにとっては死後の世界があります。天国へ行くのか地獄に落ちるのかはわからないけれど、とにかく肉体が滅んだあとも、心（霊）が肉体から抜け出し生き延びることで、自我の連続性の保持を信じることができるのです。

しかし、宗教をもたない大半の日本人にとっては、あの世も、死後の世界も存在しません。死んだら一巻の終わりで、肉体も魂も消えてなくなることを思うと、何かいいようのない不安を覚えるわけです。

生物学的には、心とは前頭葉の理性的な思考や判断、あるいは、脳の深部にある扁桃体《へんとうたい》が生み出す喜怒哀楽といった感情など、脳の各部位がつくりあげたさまざまな考えや感情の、いわば集合体です。したがって、脳の神経細胞が死滅すれば、スイッチが切られたように心も消えていきます。

死によって肉体も心もすべてが消えうせて、無に帰すのです。ジ・エンドです。もう生きなくてもいいのです。生物学的には天国も地獄もへったくれもなく、きれいさっぱり、おさらばするということになります。

私たちは脳の前頭連合野の働きによって自我が生まれ、幸か不幸か、未来を見通す能力を有しています。そのため、死が避けられないことを、いつか死ぬことを理解でき、そのせいで来《きた》るべき死に不安と恐怖を覚えることは、すでに述べたとおりです。確固とした自我をもたないネコにもイヌにも未来はない、したがって、彼らは死を本能的に避けることはあっても、死自体を恐れることはありません。

うらやましい気もしますが、そのいっぽうで、昆虫と長年つきあってきた身としては、死の不安や恐怖を覚えることが、むしろ幸いに感じられることがあります。アリやカミキリムシなどは死の存在を理解していないため、死の恐怖がないかわりに生きる喜びもないように見えます。

昆虫は多細胞生物ですが、せっせと働いている姿などを見るにつけ、喜怒哀楽に乏しく、うらみ、つらみ、復讐心といったものもなく、生きている機械のように思えるのです。

すみずみまで隈《くま》なく照らされた場所に未来永劫、居続けるとしたら、光を認識することはできません。暗闇と出会ったとき、その対比によって光というものの存在を感じ、認識できます。同様に、無限に続く不老不死の世界では、それに対峙する死がないから、生きていることを実感できないはずです。死というものの存在があってこそ、生きるということがくっきりと浮かび上がって、その輝きが増すのだと思います。

無限の命をもつことは恐ろしく退屈なことでしょう。「背水の陣」の緊張感も、「一期一《いちごいち》会《え》」の感動も、限りある命を生きているからこそ経験できます。無限に続く人生では「背水の陣」も「一期一会」も、存在のしようがありません。

私たちの人生が面白いのは、いつか死ぬことを知っているからであり、もし命が無限のものならば、一日の楽しみや悲しみの積み重ねも底なしの無限の中に埋もれてしまいます。有限の命であればこそ、そして、そのことを知っていて、そのことに恐怖するからこそ、今日、楽しくすごしたことが、意義のあるものとなるのだと思います。

40代以降は、人生の後半戦を生きることになります。人間である以上、死ぬものであることを前提として、有限の人生をどれだけ面白く、楽しく生きられるかを考えたいものです。

あとがき

ぼくはこの7月で、75歳になった。後期高齢者ということで、運転免許の書き換えの時は認知機能の検査を受けさせられた。世間の常識というのは大体腹が立つものが多く、高齢者からなるべく免許証を剝奪しようとしているとしか思われない。免許を剝奪したほうがいい奴は、若い人にもいっぱいいる。たとえば、自己責任の重大事故を5年間に3回起こした人は年齢に関係なく、免許を剝奪するという制度なら公平で、運転不適格者を除去できる。高齢者に認知機能検査をしたり、高齢者講習といったおためごかしの講習をしたりするより、余程効果的だと思う。

行政が勝手に決めるので、個人としては抵抗する術《すべ》がないが、ぼくは免許証は絶対自主返納しないで、100歳になっても運転してやると心に誓っている。もっともそれまで生きていないだろうけれどね。若い人が運転免許を取らなくなって教習所が左前になり、高齢者講習で金を巻き上げようと、行政とつるんで画策したに違いない。

年金制度が成り行かなくなるのは、もう40年以上前から分かり切ったことなのに、何の手も打たないで、最近は「75歳からもらえば、受給額が増える」といって、なるべく支払いを先延ばしにしようとしているが、計算すれば、87歳以上生きなければ、65歳からもらったほうが得なのだ。寿命がもっと延びたなら、80歳になるまで、年金を払わないといいそうだ。政府が、右といったら左、左といったら右を選んだほうが得なことが多い。自分で判断が付かない場合は、この原則さえ覚えておけば、政府に騙される確率は低くなる。これぞ老人の知恵である。

「人生100年」という標語は、年寄りを死ぬまで働かせようという陰謀だな。まあ、100歳まで生きるとしても、85歳以上の半分以上は認知症なので、人生が100年になっても、年寄りを働かせるのは難しい。90歳以上の超高齢者は女性が圧倒的に多いが、90歳から95歳までの女性の認知症の割合は60パーセント超、95歳以上は80パーセント超なので、平均寿命が延びれば延びるほど、社会的な負担が大きくなって、そのうち国はお手上げになり、適当な姨捨《うばすて》政策を始めそうな気がするね。

90歳以上100歳までの男性の認知症の割合は、50パーセント少しなので、90歳以上の老夫婦の最も多い普通の生活は、次のようになりそうだ。頭は呆けていないが体はガタガタな夫が、体はまだまだ大丈夫そうだが頭が呆けている妻を介護する。これが老々介護の典型的なケースとなると思う。

　体がいうことをきかなくなったり、頭が呆けて自分で何もできなくなったりして、初めて俺（私）の人生は何だったんだろうと後悔しても手遅れだ。40歳までは、種の保存のため、社会のため、家族のために、働くのも仕方がないが、自然寿命をすぎたならば、自分の楽しみをなるべく追求する人生を送ったほうが得だ。体や頭が儘《まま》ならなくなるまで、少なくても30年くらいは元気で人生を楽しめる。

　そのためには、世間に蔓延《はびこ》っているつまらない考えと縁を切ることをお勧めしたい。世間に蔓延っている2大ペテンの物語は、利他主義と努力の薦めである。自分の楽しみを犠牲にして他人に尽くすのは素晴らしいという話と、たとえ結果が伴わなくとも努力をすることはそれだけで貴《とうと》いという話である。世の中には、マゾになるのが気持ちいいという人もいるので、そういう人は勝手にすればいいけれども、普通の人は、マゾはセックスプレイの時だけにしておいたほうが安全である。世間の風に騙されて、こういうペテン話を信じると人生を棒に振る。

　利他主義は自己を犠牲にして国や会社に尽くすのは偉いという、権力にとって真に都合がいい物語で、成果が上がらなくても努力が貴いというのは、支配の装置としてのブルシットジョブ（何の役にも立たない時間を無駄遣いするだけの仕事）を流行らせるだけだ。
人生は短い、働いている暇はない。

池田　清彦

グライダーのように木から木へと滑空するムササビは高尾山の人気者。

編集／岡部ひとみ　ライター／横田緑
撮影／江頭徹　撮影協力／高尾 599 ミュージアム
写真提供
クマムシ／SCIENCE PHOTO LIBRARY（共同通信イメージズ）
トガリネズミ／SCIENCE PHOTO LIBRARY（共同通信イメージズ）
ハダカデバネズミ／DPA（共同通信イメージズ）
ゾウアザラシ／imageBROKER.com／Juergen & Christine Sohns（共同通信イメージズ）
アホウドリ／Sanka Vidanagama／NurPhoto（共同通信イメージズ）
キマダラルリツバメ／池田清彦氏所蔵
ヒキガエル／Creative Touch Imaging Ltd／NurPhoto（共同通信イメージズ）
トキソプラズマ／共同通信社
ゲーテ、ダーウィン、ファーブル、メンデル／講談社資料室

N.D.C. 914　245p　18cm
ISBN978-4-06-529388-1

講談社現代新書　2675

40歳《さい》からは自由《じゆう》に生《い》きる　生物学的《せいぶつがくてき》に人生《じんせい》を考察《こうさつ》する

二〇二二年九月二〇日第一刷発行　二〇二二年一一月七日第二刷発行

著　者　池田清彦《いけだきよひこ》　

発行者　鈴木章一
発行所　株式会社講談社
東京都文京区音羽二丁目一二—二一　郵便番号一一二—八〇〇一
電　話　〇三—五三九五—三五二一　編集（現代新書）
〇三—五三九五—四四一五　販売
〇三—五三九五—三六一五　業務
装幀者　中島英樹／中島デザイン
印刷所　株式会社新藤慶昌堂
製本所　株式会社国宝社
定価はカバーに表示してあります　Printed in Japan

「講談社現代新書」の刊行にあたって

教養は万人が身をもって養い創造すべきものであって、一部の専門家の占有物として、ただ一方的に人々の手もとに配布され伝達されうるものではありません。

しかし、不幸にしてわが国の現状では、教養の重要な養いとなるべき書物は、ほとんど講壇からの天下りや単なる解説に終始し、知識技術を真剣に希求する青少年・学生・一般民衆の根本的な疑問や興味は、けっして十分に答えられ、解きほぐされ、手引きされることがありません。万人の内奥から発した真正の教養への芽ばえが、こうして放置され、むなしく滅びさる運命にゆだねられているのです。

このことは、中・高校だけで教育をおわる人々の成長をはばんでいるだけでなく、大学に進んだり、インテリと目されたりする人々の精神力の健康さえもむしばみ、わが国の文化の実質をまことに脆弱なものにしています。単なる博識以上の根強い思索力・判断力、および確かな技術にささえられた教養を必要とする日本の将来にとって、これは真剣に憂慮されなければならない事態であるといわなければなりません。

わたしたちの「講談社現代新書」は、この事態の克服を意図して計画されたものです。これによってわたしたちは、講壇からの天下りでもなく、単なる解説書でもない、もっぱら万人の魂に生ずる初発的かつ根本的な問題をとらえ、掘り起こし、手引きし、しかも最新の知識への展望を万人に確立させる書物を、新しく世の中に送り出したいと念願しています。

わたしたちは、創業以来民衆を対象とする啓蒙の仕事に専心してきた講談社にとって、これこそもっともふさわしい課題であり、伝統ある出版社としての義務でもあると考えているのです。

一九六四年四月　野間省一

哲学・思想Ⅰ

哲学・思想Ⅱ

政治・社会

経済・ビジネス

350 経済学はむずかしくない〈第2版〉——都留重人
1596 失敗を生かす仕事術 畑村洋太郎
1624 企業を高めるブランド戦略——田中洋
1641 ゼロからわかる経済の基本——野口旭
1656 コーチングの技術——菅原裕子
1926 不機嫌な職場——高橋克徳 河合太介 永田稔 渡部幹
1992 経済成長という病——平川克美
1997 日本の雇用——大久保幸夫
2010 日本銀行は信用できるか 岩田規久男
2016 職場は感情で変わる 高橋克徳
2036 決算書はここだけ読め！——前川修満
2064 決算書はここだけ読め！ キャッシュ・フロー計算書編 前川修満

2125 ビジネスマンのための「行動観察」入門 松波晴人
2148 経済成長神話の終わり アンドリュー・J・サター 中村起子 訳
2171 経済学の犯罪——佐伯啓思
2178 経済学の思考法——小島寛之
2218 会社を変える分析の力 河本薫
2229 ビジネスをつくる仕事 小林敬幸
2235 20代のための「キャリア」と「仕事」入門——塩野誠
2236 部長の資格——米田巖
2240 会社を変える会議の力 杉野幹人
2242 孤独な日銀——白川浩道
2261 変わった世界 変わらない日本——野口悠紀雄
2267 「失敗」の経済政策史 川北隆雄
2300 世界に冠たる中小企業 黒崎誠

2303 「タレント」の時代——酒井崇男
2307 AIの衝撃——小林雅一
2324 〈税金逃れ〉の衝撃 深見浩一郎
2334 介護ビジネスの罠——長岡美代
2350 仕事の技法——田坂広志
2362 トヨタの強さの秘密 酒井崇男
2371 捨てられる銀行——橋本卓典
2412 楽しく学べる「知財」入門——稲穂健市
2416 日本経済入門——野口悠紀雄
2422 捨てられる銀行2 非産運用——橋本卓典
2423 勇敢な日本経済論——高橋洋一 ぐっちーさん
2425 真説・企業論——中野剛志
2426 東芝解体 電機メーカーが消える日 大西康之

自然科学・医学

1141 安楽死と尊厳死――保阪正康
1328 「複雑系」とは何か――吉永良正
1343 カンブリア紀の怪物たち　サイモン・コンウェイ・モリス　松井孝典 監訳
1500 科学の現在を問う　村上陽一郎
1511 優生学と人間社会――米本昌平 松原洋子 橳島次郎 市野川容孝
1689 時間の分子生物学――粂和彦
1700 核兵器のしくみ――山田克哉
1706 新しいリハビリテーション　大川弥生
1786 数学的思考法――芳沢光雄
1805 人類進化の700万年　三井誠
1813 はじめての〈超ひも理論〉　川合光
1840 算数・数学が得意になる本　芳沢光雄
1861 〈勝負脳〉の鍛え方――林成之
1881 「生きている」を見つめる医療――中村桂子 山岸敦
1891 生物と無生物のあいだ　福岡伸一
1925 数学でつまずくのはなぜか　小島寛之
1929 脳のなかの身体――宮本省三
2000 世界は分けてもわからない　福岡伸一
2023 ロボットとは何か――石黒浩
2039 ソーシャルブレインズ入門　藤井直敬
2097 〈麻薬〉のすべて――船山信次
2122 量子力学の哲学――森田邦久
2166 化石の分子生物学――更科功
2191 DNA医学の最先端　大野典也
2204 森の力――宮脇昭
2219 宇宙はなぜこのような宇宙なのか――青木薫
2226 「人体」の不思議 宇宙生物学で読み解く――吉田たかよし
2244 呼鈴の科学――吉田武
2262 生命誕生――中沢弘基
2265 SFを実現する――田中浩也
2268 生命のからくり――中屋敷均
2269 認知症を知る――飯島裕一
2292 認知症の「真実」――東田勉
2359 ウイルスは生きている　中屋敷均
2370 明日、機械がヒトになる　海猫沢めろん
2384 ゲノム編集とは何か　小林雅一
2395 不要なクスリ 無用な手術　富家孝
2434 生命に部分はない――A・キンブレル 福岡伸一 訳

心理・精神医学

331 異常の構造——木村敏
590 家族関係を考える——河合隼雄
725 リーダーシップの心理学——国分康孝
824 森田療法——岩井寛
1011 自己変革の心理学——伊藤順康
1020 アイデンティティの心理学 鑪幹八郎
1044 〈自己発見〉の心理学 国分康孝
1241 心のメッセージを聴く 池見陽
1289 軽症うつ病——笠原嘉
1348 自殺の心理学——高橋祥友
1372 〈むなしさ〉の心理学 諸富祥彦
1376 子どものトラウマ——西澤哲
1465 トランスパーソナル心理学入門——諸富祥彦
1787 人生に意味はあるか 諸富祥彦
1827 他人を見下す若者たち 速水敏彦
1922 発達障害の子どもたち——杉山登志郎
1962 親子という病——香山リカ
1984 いじめの構造——内藤朝雄
2008 関係する女 所有する男——斎藤環
2030 がんを生きる——佐々木常雄
2044 母親はなぜ生きづらいか——香山リカ
2062 人間関係のレッスン 向後善之
2076 子ども虐待——西澤哲
2085 言葉と脳と心——山鳥重
2105 はじめての認知療法——大野裕
2116 発達障害のいま——杉山登志郎
2119 動きが心をつくる——春木豊
2143 アサーション入門——平木典子
2180 パーソナリティ障害とは何か——牛島定信
2231 精神医療ダークサイド 佐藤光展
2344 ヒトの本性——川合伸幸
2347 信頼学の教室——中谷内一也
2349 「脳疲労」社会——徳永雄一郎
2385 はじめての森田療法 北西憲二
2415 新版 うつ病をなおす 野村総一郎
2444 怒りを鎮める うまく謝る 川合伸幸

知的生活のヒント

78 大学でいかに学ぶか　増田四郎
86 愛に生きる——鈴木鎮一
240 生きることと考えること　森有正
297 本はどう読むか——清水幾太郎
327 考える技術・書く技術—板坂元
436 知的生活の方法——渡部昇一
553 創造の方法学——高根正昭
587 文章構成法——樺島忠夫
648 働くということ——黒井千次
722 「知」のソフトウェア—立花隆
1027 「からだ」と「ことば」のレッスン—竹内敏晴
1468 国語のできる子どもを育てる——工藤順一
1485 知の編集術——松岡正剛
1517 悪の対話術——福田和也
1563 悪の恋愛術——福田和也
1620 相手に「伝わる」話し方　池上彰
1627 インタビュー術!——永江朗
1679 子どもに教えたくなる算数　栗田哲也
1865 老いるということ—黒井千次
1940 調べる技術・書く技術—野村進
1979 回復力——畑村洋太郎
1981 日本語論理トレーニング—中井浩一
2003 わかりやすく〈伝える〉技術—池上彰
2021 新版 大学生のためのレポート・論文術—小笠原喜康
2027 地アタマを鍛える知的勉強法——齋藤孝
2046 大学生のための知的勉強術——松野弘
2054 〈わかりやすさ〉の勉強法——池上彰
2083 人を動かす文章術——齋藤孝
2103 アイデアを形にして伝える技術—原尻淳一
2124 デザインの教科書——柏木博
2165 エンディングノートのすすめ—本田桂子
2188 学び続ける力——池上彰
2201 野心のすすめ——林真理子
2298 試験に受かる「技術」—吉田たかよし
2332 「超」集中法——野口悠紀雄
2406 幸福の哲学——岸見一郎
2421 牙を研げ 会社を生き抜くための教養　佐藤優
2447 正しい本の読み方　橋爪大三郎

日本語・日本文化